アジアの現代都市紀行
変貌する都市と建築

北京 Beijing
上海 Shanghai
深圳 Shenzhen
香港 Hong Kong
台北 Taipei
バンコク Bangkok
クアラルンプール Kuala Lumpur
ソウル Seoul
シンガポール Singapore

樋口正一郎：著

鹿島出版会

21世紀になって、初めて経済力だけでなく文化力の重要さにアジアの国々も目覚めた。その代表的な9都市の最新(2012年9月)の動きから、アジアの都市文化はどこへ向かっているのか、どうあるべきかを考えようというのが本書のテーマである。建築家が都市における、「巨大彫刻」をつくる芸術家として踏み出した時でもある。機能という呪縛から解放され、表現者としての自覚も大きかった。ミケランジェロやガウディのようにである。そしてもう一つ、都市文化力と言った時、EU統合以後、都市間の景観競争も激しくなり、創造性や造形力のない建築家は都市の舞台に起用されなくなった。

西洋文明がここ数百年かけて試行錯誤しながら築いてきた建築や都市の築き方を集大成することになったのがアジアではないだろうか。と言うのも20世紀末までに、西洋型システムが行き詰まり、新たな捌け口、逃げ道を探した方向がドバイなどの「金持ち」アラブであったり、アジアではなかったのか。

様々な試みで、手垢にまみれ、そして利権で雁字搦めになった西洋とは異なり、取り残され、遅れて白紙に近いアジアだからこそ思いきったことが大胆にできる。西洋文明ができなかったハードルをいとも簡単に飛躍しているアジアの9都市を選び、写真も2012年夏時点で切った断面図とも言うべき、生の姿を伝えようとしたものである。そして日本が先進国などというプライドを捨て、がむしゃらに邁進するアジアの一員となって出直してほしいとも願っている。

北京。2008年北京オリンピックで中国は経済力での一流国家像を世界中にお披露目しただけでなく、文化大国であることも都市の創造的な造形美で示した。紀元前の秦時代に整備された万里の長城は世界中から多くの人々を集め、クビライ・カアンのモンゴル帝国時代に築かれた大都の碁盤目道路の都市計画は、現在の自動車大国になっても対応できている。明、清時代の皇帝の居城、紫禁城(現、故宮博物館)を中心に据えた北京は、分厚い歴史を背景に、新しい中国の都市文化で世界をリードしようとしている。また、開かれた国際都市として、世界との貿易で培った伝統と実績で金融都市を標榜してきた上海も、2010年の上海万国博覧会を契機に、新たな文化都市を宣言した。

香港の場合は、イギリスから中国への返還によって、どう変化するのか、返還以前を含め度々訪れ、ウォッチングを続けてきた。特に、中国銀行や上海香港銀行などの一世を風靡した建築デザインの動き、そしてパブリックアートなどの文化政策の変化についてである。自由な表現や動きに制約が加わることを危惧していたが、何も変わらないばかりか、都市は拡大を続けている。中国になっても、一大観光地であり、世界は大観光時代に突入したこともあり、空港や地下鉄などのインフラ整備は進んでいる。また香港理工大学でのザハ・ハディドの方舟のような校舎、香港中文大学の統合科学研究所や吐露湾に面した香港科学公園など新たな香港発の文化をつくりだそうとしている。そして香港と接した深圳は成長や発展という状況ではなく、都市が爆発している。将来役に立つ必要があったらいいといった程度でも果敢に取り入れ、建設する。大開発ラッシュなのだ。夢なのか白昼夢なのかを質すこともなく、賭けに出ている。何はともあれ、近々に中国を代表する都市になり、世界の大都市に躍り出るだろう。中国は北京をつくった13世紀のように、都市デザインの規模から内容まで、世界標準を越えたものをつくるようになった。政治主導の力が効を奏し、ここまで一気に来られた。しかし、この先、世界の中で、特に文化でのリーダーシップを取るには、自由で民主的な方向に舵取りするしかないことは歴史が物語っている。

台北は台北101ビルで先行したが、後が続かなかった。李祖原を擁し、また経済的にも新竹などのIT企業による外貨残高では他国を圧倒する動きを見せながらも、ほとんど都市文化を形成する方向にはならなかった。しかし、2010年、台湾で初めての国際博覧会であった2010台北国際花卉博覧会でのエコ型都市文化への期待は高まっている。

一方、都市国家とも言える小国シンガポール共和国のシンガポールも、世紀末から観光立国での文化の重要性に取り組んできた。建国が1965年という歴史の魅力がほとんどない、乾季のない熱帯雨林地方特有のジャングルといった自然しかない国で、まったく新しく都市環境を築かねばならなかった。ともすると独裁と揶揄されるほどの決断と実行力のスピードは、今の世界の動きに先んずる的確な方式だった。先進国と言われる国が怠惰に陥る中、中国とは異質の希望の星であり、試金石になっている。

クアラルンプールは9都市の中でも台北のような動きの遅さだった。しかし、一方、首都機能のプトラジャヤへの移転の早さは、日本が何十年たっても決められないのとは好対照だ。悠揚せまらず自然と一体化するようなエコ生活環境であればいいというわけではない。プトラジャヤの建築や橋はイスラムのデザインを基調にしながら、質素や素朴とは正反対の豪奢な装飾に溢れている。石油や天然ガスなどの資源を持ちながらも、それらを上回る経済の伸びが必然のマレーシアとしては、ドバイのような金融立国、あるいは周辺国のシンガポールやバンコクのようにIT立国化をスムーズに進めることができるかどうか。

近年各地でつくられた巨大空港の中でも、現代技術の粋を駆使した、群を抜いてクールなパワーで圧倒するスワンナプーム国際空港を持つバンコク。その反面、旧市街やチャオプラヤ川周辺に行ってみれば、ごちゃごちゃした環境で発する人のエネルギーは、いかにも人間臭いパワーの街なのだ。西洋文明とは異なるカオスにも似た環境から、ひょっとしたら新たな都市文化が生まれる可能性を秘めているのではないかという期待もある。

ソウルは国の首都としてのあり方が中国の政策に似ている。経済、軍事、文化の3本柱を国是としている。大国であり、地続きという中国の影響も大きいのだろう。小国であっても、大国になるべく基盤整備を続け成果をあげてきた。中国、北朝鮮そして日本に挟まれ、度々戦場になったこともあり、歴史、文化遺産の消失が続き、文化におけるアイデンティティ回復のためにも、ひたすら文化財にするべく蓄積している。そして政変や経済破綻などによりアメリカなどへ移住した民族の団結は固く、国際人としての知恵や文化力も大いに役に立っている。

アジアはやっと巡ってきたチャンスに乗り遅れるわけにはいかない。EUを含めた先進国はすでに完成された国であり都市である。破綻をきたそうが、蓄積された資産はアジアとは月とスッポンと言ったほど比べようもないほど大きい。先進国はマネーゲームに走り、また後進国を踏み台に安穏と生活してこられた。中国の成長が少し鈍化しようが、世界から与えられた成長エンジンとしての期待以上に役割を自覚し、演じるべきだろう。ドバイの場合は、実態は不動産ギャンブルであり、実際に必要としている人があまりいない蜃気楼都市になるしかないと思える。しかし、アジアの場合、大量の人口を抱え、都市整備は緊急の課題になっている。中途で挫折しようが、残ったものを少しずつ利用すればいい。世界中がアジアというギャンブルに賭けるしか目はないし、駄目でもともと一蓮托生ぐらいに考えるべきだ。日本のように石橋を叩きすぎて壊してしまっては元も子もない。

EUに始まる世界不況になれば、日本の失われた20年どころではない。日本ではバブル崩壊以後、文化に関することは忘れられ、雲散霧消してしまった。そのことを危惧しているのである。そして多少景気が上向きになっても、消えた火はすぐには点かない。欧米がキリスト教文化で世界を牛耳ってきたように、アジアは仏教文化でギスギスせわしない世界を瞑想で優しく包む都市を目指してはどうか。

樋口正一郎

目次

Beijing
北京

Shanghai
上海

Shenzhen
深圳

Hong Kong
香港

Taipei
台北

Bangkok
バンコク

Kuala Lumpur
クアラルンプール

Seoul
ソウル

Singapore
シンガポール

北京

「ウォーターキューブ」の半透明の膨らみは瑞々しい細胞を思い起こさせる（北京41頁）

水平線を強調した「ギャラクシーSOHO」（北京36頁）

どこにでもありそうで
一味二味違うハウジング
「リンクしたハイブリッド」
スティーブン・ホールの設計
(北京37頁)

「三里屯ヴィレッジ」は
ショッピングセンターではなく
商店街を意識した
(北京49頁)

「鳥の巣」から
北京は巣立ちができるか
(北京40頁)

「潘家園」で
中国の奥深さを知る
(北京45頁)

「北京首都国際空港」の
エントランスから
チェックインカウンターへの
ブリッジ
（北京42頁）

空港のだんだん細くなる
柱と高い天井。
すでに大空にいる感じ
（北京42頁）

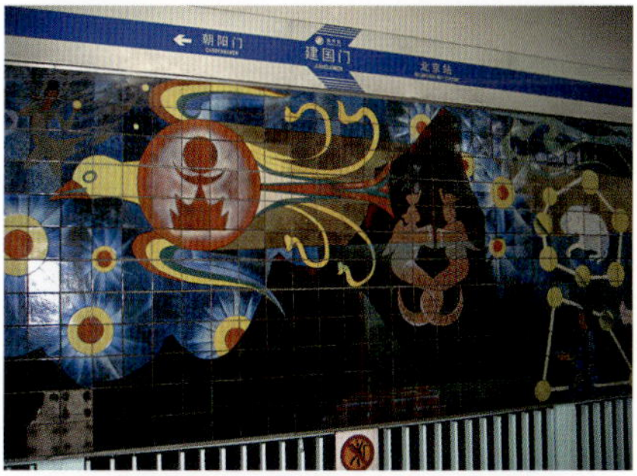

地下鉄2号線
「建国門駅」ホームの
タイル壁画

ロータリー上の高速道に建つUFO型ランドマーク(上海58頁)

額縁にコレクションされたかのような有機的な形態の「新上海港国際クルーズターミナル」(上海56頁)

「豫園」。
名物の小籠包を食べるのは
中国人にとっても楽しみ

往時の上海ジャスが
聞こえてきそうな「新天地」
(上海66頁)

「上海南駅」。
巨大円盤から
未知の世界への旅立ち
(上海54頁)

「西大盆港双子橋」。
青空を海に見立て
飛魚がジャンプを繰り返す
(上海59頁)

「ジャイアントインタラクティブグループ本社」(上海62頁)

「EXPO2010スペイン館」。手足を動かして、屈託のない表情を見せる赤ん坊のアンドロイド(上海71頁)

小さなビル一つで非日常の自然を見せてくれた「EXPO2010寧波館」(上海70頁)

深圳

柱や支柱が
ロボットになって
立体蜘蛛の巣を
編んでいるような
「深圳文化センター」
(深圳78頁)

「深圳大学
タウン科技図書館」
(深圳80頁)

「深圳市庁舎」の
デッキでの集団演技の練習
(深圳82頁)

ピュアな結晶を
印象づける
「ユニバーシアード2011
スポーツセンター」の
室内競技場と
左手奥にメインアリーナ
(深圳84頁)

「北京大学深圳大学院」の
回廊と池に浮かぶ
学生食堂
（深圳81頁）

「万科センター」は
重力に縛られない
自由な表現
（深圳74頁）

大梅沙の
リゾートと住居を
兼ねた開発
（深圳76頁）

色とりどりの
イカロスの
刺激的な景観
（深圳77頁）

香港一の繁華街ネーザンロードの人気ショッピングビル「i スクエア」。
エントランス回りは壁も天井もLEDで客を派手なステージに誘う（香港98頁）

香港の夜景も
見慣れたと言っても美しい

尖沙咀のデートの
待ち合わせスポット、
「ショッピングモール美術館」
（香港98頁）

「香港科学公園」の
巨大ラグビーボール風の
空中会議室
（香港93頁）

「香港デザイン
インスティテュート」の
外壁のトラスは
巨大ジャッキにも見える
（香港90頁）

「香港中文大学
ラン・ラン・ショウ科学ビル」
（香港89頁）

空港高速鉄道「香港駅」
天井のオブジェ
（香港96頁）

「香港国際空港増築棟」
（香港96頁）

「香港国際空港」
（香港96頁）

スターフェリー

エコとは自然とうまく付き合い美しい環境をつくること。2010台北国際花卉博覧会「ドリーム館」（台北104頁）

青い水槽で泳いでいるような清々しい空気を吸える。デザイン構成のすばらしい壁面はコインロッカー。
「台北市立美術館増築部」（台北108頁）

これでもかと言った
力と金のかかった
「台北101」の造形は
20世紀最後の
金字塔だったのだろう
(台北103頁)

淡水川河口から
出土する貝塚などを集めた
「新北市立十三行博物館」
(台北109頁)

堅固なものしか
存在しない時代に
詩情溢れる
「レストラン伍角船板」
(台北112頁)

フラフープをしているような
動きのあるマンション
(台北115頁)

「スワンナプーム国際空港」の巨大な空間と力強い構造（バンコク117頁）

空港を華やかに飾る「サムドラ マンサン」（バンコク117頁）

空港庭園の緑と海（バンコク117頁）

チャオプラヤ川に沿ってはエッジを、そして道路に対しては
ガラスの円弧面を見せる「ザ リバー プライベイト レジデントクラブ」
（バンコク124頁）

「シリラート病院」の新築工事(バンコク125頁)

街中のどこでも見られる祠とお供え物

コカコーラのボトル型店舗「gateway」(バンコク121頁)

クアラルンプール

アジアの空港は「クアラルンプール国際空港」以後すっかり変わった（クアラルンプール140頁）

ヴィジョンが確定しないまま出発してしまったのだろうか。
「ペトロナスツインタワー」（クアラルンプール128頁）

「KLセントラル」。暑くスコールの対策としては
人工環境のミニ都市は有効（クアラルンプール134頁）

「国立マレーシア銀行新美術館」（クアラルンプール137頁）

クアラルンプール

ペトロナスツインタワー周辺の
ビジネスパークには
力強い建築が増えてきた
「FELDAタワー」
（クアラルンプール130頁）

クアラルンプールの
近代化は遅々として
進まなかったが、
首都機能移転は電光石火
「スリ・ワワサン橋」
（クアラルンプール142頁）

「ソウル新市庁舎」ロビー。ソウルの都市政策は自然と文化の融合(ソウル152頁)

「トリ・ボウル」。三つのカップに満たすもの（ソウル146頁）

「仁川国際空港交通ターミナル」。
都市というステージで建築もいかに目立つか
（ソウル161頁）

「キャナルウォーク」。中流から上流への表現はやはり欧米スタイル？（ソウル147頁）

「梨花女子大学」。設計者はモーゼとは異なり、創造力で丘を切り開いた（ソウル157頁）

「プラダトランスフォーマー」。得体のしれない時代に対する、液体のように可変する決意（ソウル156頁）

「清渓川」復元プロジェクト。自然は都会にあるから意味がある（ソウル158頁）

固定したものからイメージの世界へ。「ギャラリア・ホール」

「三星美術館」。ルイーズ・ブルジョワの「ママン」。彫刻だけでなく、小さいながらも建築も売り（ソウル155頁）

シンガポール

パーフォーミングアートセンター「エスプラネード」（シンガポール170頁）

「マリナベイサンズホテル」の北に向かってカーブするプール。下にはフリーウェイ、一般道。「ヘリックス歩道橋」は左下（シンガポール164頁）

シンガポール川に沿って建つ二つのガラスの「冷室」。奥に「マリーナ・バラージュ」とマラッカ海峡（シンガポール165頁）

「クラウドフォレスト館」の人気のある豪快な滝
（シンガポール166頁）© Gardens by the Bay

バベルの塔「モメンタム」（シンガポール183頁）

6棟をスキップし、ブリッジで互いに連絡したラサール美術大学（シンガポール167頁）

アジアの現代都市紀行

変貌する都市と建築

北京 Beijing
上海 Shanghai
深圳 Shenzhen
香港 Hong Kong
台北 Taipei
バンコク Bangkok
クアラルンプール Kuala Lumpur
ソウル Seoul
シンガポール Singapore

中国政府が途上国から脱却し、悲願であった先進国への舞台が「北京オリンピック2008」であった。世界中から訪れた客に開かれた国をアピールするためにもド派手な演出で度肝を抜く必要があった。メイン会場である「鳥の巣」でのセレモニーは圧倒的パワーでその役目を果たした。それにしても、突然やってきたリーマンショックに続く世界経済危機の真っ只中のロンドンオリンピックが終わった2012年8月時点であっても、北京は建設ラッシュで不景気などどこ吹く風である。

人間の肉体の創造性と可能性の実験場、オリンピック施設は、天安門広場に面する政治の中心から真北、歴史文化の根幹である故宮博物館を抜ける都市軸の先に据えられ、並々ならぬ先進国入りの意気込みを感じさせた。世界中のメディアに毎日のように登場した北京国家体育場「鳥の巣」や水泳競技会場の「ウォーターキューブ」にしろ、今までの建築の概念を真っ向から覆した夢の造形の具現化ではあったが、外観の印象とは異なり、内部では斬新さは消え、辻褄あわせと言うのか、どこにもありそうな感じがするほど落差があった。

SOHO光華路

北京市内を歩くと、オリンピック施設が都市景観の上で世界でも類を見ない新しい時代を開拓したのと同様、オフィスビルなどでもモニュメンタルな巨大彫刻と言える「中国中央テレビCCTV」の破天荒な形態にもただただ驚かされた。眼を見張る建築群はショッピングセンターにも言える。天安門から2kmほど西。若者が集まる中心、地下鉄1号線の西単駅には、炎を造形化したような、うねる巨大なショッピングセンター「大悦城」が2008年誕生。中央商務区／CBDに2004年にできた山本理顕設計工場らの「建外SOHO」の好評を受けて、CCTVの北西側には、「SOHO尚都」や「朝外SOHO」。1kmほど南、光華路の「光華路SOHO」のように、低層階はショップや飲食店、上は、いわゆる「スモールオフィス・ホームオフィス／SOHO」や集合住宅やシネマコンプレックスと次々に街区が増殖し、このところ大変貌している。TVニュースで馴染みの中国外交部のすぐそばに、4隻の客船が集合し、中空が抜けた「ギャラクシーSOHO」が12年にオープン。

工人体育館の東側、大使館などが並び、少しスノッブで異国情緒の三里屯路の角に、隈研吾が基本設計したのは「三里屯ヴィレッジ」。南北エリアの北には高級ホテルやブティックを配し、南はユニクロなど親しみやすいショップが連ねている。巨大ショッピングセンターというのではなく、低層でウィンドーショッピングを楽しめる、三里屯路の雰囲気を生かした環境、街並みをつくった。

文化面では2007年には、フランスの建築家ポール・アンドリューの設計になる国立劇場「国家大劇院」が天安門のすぐ南西側に建てられた。共産主義国家になって以来、初めて西欧文化を受け入れたシンボルだった。北京中心部から北京空港へ向かう高速道路の途中、「大山子芸術区」を訪ねれば、その爆発的パワーと観光客や若者の多さを実感できる。電子工業地区798の国営軍事工場跡地には100軒以上のギャラリーやアトリエそしてカフェ、レストラン、書店などが軒を連ねている。ニューヨーク、ソーホーが60年代から現代美術のメッカとして、数十年をかけてトライベッカやイーストビレッジに規模を拡大し、現在に至ったのとは大きく異なる。大山子芸術区は2002年に始まり、数年でニューヨークを除いて、世界でも類を見ないスケールに展開したのは、北京や上海の都市再開発と同様「ビッグバン」だった。アーティストもチェロのヨーヨー・マや岳敏君のようなスターを生み、北京の美術が世界的に注目され、金が流れ込み、それらが大山子周辺に「環鉄芸術区」など様々な芸術村へ展開し、国家の威信を飛躍させた。

景山から故宮博物館を見る

北京の歴史遺産の粋が故宮だとすれば、天壇公園から東へ数kmほど、「潘家園」の骨董市場は専門家から庶民にとっての歴史文化のレジャーランドになっている。掘れば何かが出てくる中国。有史以前のどんな文献にも出てこないものから、新・古の模造品などあらゆる時代の様々な物で溢れかえっている。中国の奥地から一攫千金を当て込んだ民族色豊かな人々が夜行列車で運んだ品物で露店を開き、観光客などでごった返している。そして規模をどんどん拡大するほどの人気からすると、歴史や骨董や美術好きの国民性からして、大山子芸術区やその周辺の芸術区が一般の若者たちに定着し、ニューヨーク、ソーホーのようにアジア初のアートによるテーマパークが実現するかもしれない。

北京オリンピックでよく見えたことは、中国という人類の歴史とも言える大国の奥深さ、キャパシティの大きさだった。鄧小平の一国二制度にしても、世界の優れた一級のものを貪欲に取り込み、中国の都市がアメリカのようにすべてなってしまうのではないのかという危惧も、ある時期を経て振り返れば、中国の伝統的な都市環境になっているという、何千年にも亘って築いてきた中華思想のパワーなのかもしれないと思えた。

01 ビジネスコンプレックス

中国中央テレビCCTVの完成予想図が発表になった時、まさか実際に建設するとは思っていなかった。黒花崗岩の巨大な彫刻のようであり、私企業ではコスト面からあり得ないと考えたからである。そして構造的には随分無理をしたなと思っても、造形的には大雑把なものになってしまった。今、北京の顔と言えばSOHOである。スモールオフィス・スモールハウスの訳とは真逆の巨大ビル群が市内に続々つくられている。2012年の夏、ザハ・ハディドの火山群あるいはイソギンチャク風の景観の「ギャラクシーSOHO」が興味深かった。またSOHOではないが、端正さが売りのスティーブン・ホールの「リンクしたハイブリッド」は巨大彫刻都市とも言える北京で一石を投じるかもしれない。

CCTV本社ビル

コンピューター時代は光のスピードに追いつけ追い越せと覇を競ってきた。建築の世界は非効率、無駄をどれだけするかに賭けている。そしてあやういバランスのスリルを求めているのだろうか（設計／レム・コールハース、2009年）

ウォーターキューブ横の金団雲を戴くオフィス、店舗、ホテル。盤古ホテルは中国初の7星（設計／李祖原、2008年）

ギャラクシーSOHO

椀状の形態が4棟（設計／ザハ・ハディド、2012年、巻頭カラー9頁参照）

リンクしたハイブリッド

端正なデザインが特徴のスティーブン・ホールのハウジング。
正方形の窓の断面とブリッジ下面にはモンドリアン的な明解な色。幼稚園や学校を付帯する750世帯の住宅を中心とした複合ビル。
広い中庭を持ち、地下は駐車場(設計／ステーブン・ホール、2009年、巻頭カラー10頁参照)

SOHOには随所に野外彫刻もある

建外SOHO

(設計／山本理顕設計工場、2002年)

SOHO尚都
（設計／LABアーキテクチュア・スタジオ、2007年）

朝外SOHO
ミラーガラスと黒花崗岩の彫刻のようなマッシブな迫力
（設計／承孝相、2008年）

SOHO光華路
あっちを向いたりこっちを向いたりというのは、北京のSOHOの基本形。ここでは丸をデザインのモチーフにしている
（設計／ピーター・デビッドソン、2009年）

北京僑福芳草地

北京で初めてサステナビリティの概念を盛り込んだコンプレックス。オフィス、ホテル、ショップが2012年9月にオープン。
ロビーやビル周辺にダリや毛沢東時代、そして現代などバリエーションのある彫刻が楽しめる（設計／統合デザイン連合、ARUP、2012年）

「北京僑福芳草地」に置かれた鋳鉄の彫刻。
いかにもプロレタリアート時代を思い起こさせるが、
どこか素朴で新鮮

中国国際貿易センター第三期タワー（国貿三期）

高さ330m。1～55階まではオフィスビル。64階から上は
ホテルや展望台、レストラン、カフェになっている
（設計／SOM、2010年））

02 スポーツ施設

オリンピック時の強烈さが眼に焼きついているせいか、オリンピック後何度訪れても、「鳥の巣」や水泳会場「ウォーターキューブ」の催しのない静まり返った様子には、遺跡や廃墟になってしまう危惧さえ覚えた。祭の後の虚しさと言ったものだろうか。

鳥の巣

（設計／ヘルツォーク&ド・ムーロン、2008年、巻頭カラー10頁参照）

屋根の透明プラスティックに積もった汚れた黄砂で、天井を網目状に覆う梁の造形が透けて見られないのは残念。下の競技場のラインは100m決勝のシーンを想起させる

ウォーターキューブ
エントランス。施設のデザインはすべて泡で構成されている
(設計/PTWアーキテクツ、2008年、巻頭カラー9頁参照)

エントランスから観客席へのコンコースの泡また泡の天井。
設計者の意図がストレートに伝わる「ウォーターキューブ(水立法)」

水泳の競技会がないせいか、プールに噴水のパーフォーマンスをする装置を設置し、
オーケストラと一緒に演奏するという

03 交通施設

高度成長にともない中国国内の旅行ブームにも拍車がかかり、空港、鉄道駅のキャパシティも予想以上に拡大せざるを得なくなった。北京首都国際空港も第三ターミナルを増築して世界第2位の大きさを誇り、列車駅の「北京南駅」では上海と天津への新幹線で大量移動時代に備えている。

北京首都国際空港

第三ターミナルビルの亀の甲羅のような駐車場ビル

先が細くなったエンタシス風の柱でいっそう天井が高く感じる（設計／ノーマン・フォスター、2008年、巻頭カラーII頁参照）

到着階から駐車場ビルに入ると
あまりに広大なアトリウムにびっくり。この階下に駐車場

天を支えるかのような天井と柱。
21世紀の空港では巨大さと高さを競う

北京南駅

1897年からあった駅を新しくしたもの。乗客は2階までエスカレーターで上り、各自行き先別プラットホーム階へ降りる（設計／テリー・ファレル、2008年）

テリー・ファレルらしいモダニズムで、割り切れない内面の造形がプラットホーム上を覆う

西直門駅ビル

北京の人口を分散するために開発された、市街地の北側を巡る地下鉄13号線の起点、市の中心には環状2号線で連絡する。
中国一の名山と言われる黄山を思わせる細長い放物線の3棟のオフィスビルのシルエットが特徴になっている
（設計／AREPほか、2008年）

地下鉄13号線「知春路駅」

北京の大動脈は車の洪水が日常茶飯事

「北京駅」。オリンピックの2008年、暗い待合室では、
多くの乗客がうずくまって列車を待っていた。
「北京南駅」（43頁）とのギャップに胸をつかれた

まだ自転車が現役だった2004年の風景

04 文化施設

天安門横に「国家大劇院」(オペラハウス)ができた時は、こんな斬新なものをつくるようになったのかという驚きが世界中に伝わった。中国は文化の力を解放政策に利用するようになった。オリンピックでのアーティストの活躍からすれば当然である。「大山子芸術区」は工場跡地をアーティストに解放するなど、国家としては小さなことでも、世界的には大きなインパクトを与え、と同時に大きな成果を上げている。

大山子芸術区
古く汚れた工場が並ぶ中に、色鮮やかなサインや看板、ポスター、そしてさりげなく彫刻などを置いてアンバランスな異次元空間を演出している

北京美術界のリーダーの一人岳敏君の「笑うオブジェ」が迎えてくれる「大山子芸術区」の「程昕東国際当代芸術空間」画廊。建物の裏側にはレンガづくりの古い外観を残しながら、玄関や内部はまったく斬新な環境になっている

コンクリートの大木の見事な形態は「北京中華民族博物院」の玄関。テーマパークでもある

「潘家園」。周辺を高層アパート群が取り囲んでいる。骨董市場は朝早くから人でごった返して盛況である(巻頭カラー10頁参照)

国家大劇院

水に浮かぶ円盤と言った感じの国立劇場。チタンとガラスを使ったモダンなつくりの新時代の北京を代表する劇場。
高さ約47m、地下は約32m（設計／ポール・アンドリュー、2007年）

10年以上も前からこんなポップアートの小店舗が街中に調和

中国人はポップ感覚が鋭い

05 伝統と表現

伝統的な街並みがどんどん消えてゆく北京。そして欧米型モダニズム一辺倒に推移する中で、伝統型あるいは折衷型造形を探してみる。

琉璃厰

清時代を再現した街並みには情緒を感じる

店のオープンセレモニーでの歌とダンス

万里の長城。八達嶺

お洒落な建外SOHO地区周辺では朝ごはんを求める人でいっぱい

王府井小吃街

何でもある「大悦城」のような巨大ショッピングセンターではなく、上海の「新天地」とショッピングセンターを合わせたお洒落でハイセンスなアーバンライフを楽しめる商店街が「三里屯ヴィレッジ」だ。古い雰囲気を知りたければ、「琉璃蔽」や王府井の「小吃街」(47頁)、そして前海、后海沿いの「什刹海公園」(51頁)や胡同などに、歴史が色濃く残っているのも北京の街の奥深くて楽しいところだ。

The Place
世貿天階。長さ250×幅30m。デザインはラスベガスのフリーモント通りのアーケードと同じジュレミー・レイルトン(2007年)

ショッピングセンター「大悦城」
西単の「大悦城」は様々な方向で切り込みを入れたデザイン。西単ショッピングセンターとは2階レベルの空中回廊で連絡している(2008年)

三里屯ヴィレッジ

（マスタープラン／隈研吾、2007年、巻頭カラー10頁参照）

北京ラチス

金色鏡面ステンレスを使った彫刻的な外壁。金属フレームを使って影を見せるメタルや陶板。アーティスティックな魅力をふんだんに盛り込んでいる（設計／迫慶一郎、2007年）

07 公園、ランドスケープデザイン

過剰な人口をかかえ、住環境も狭く、それだけに、公園の役割は重要だった。「皇城根遺跡公園」はかつての紫禁城を守る壁の跡地利用で、王府井にも近く、細長い公園には遺跡の展示や彫刻も配置され散歩道としてよくできている。また、什刹海は現在の天津から閘門式の運河が引かれ、北京の水源としても使われた。往時を彷彿させる佇まいは埃くさく、せわしない北京の中ではゆったりとした時間を楽しめるところだ。

細長い「皇城根遺跡公園」では散歩を楽しむ人や乳母車の家族も多い

北京の公園には現代彫刻はよく見られる

皇城根遺跡公園

明、清時代の遺跡を利用してつくられた長さ2.4kmほどの公園。すっかり市民の憩いの場所となっている(2009年)

什刹海公園（前海、后海）

釣りをしたり、泳いだりできる、市民の憩いの場。そして観光客にとっては、昔の北京を巡る場所

彫刻された白い大理石の欄干と柳、そして伝統的な店舗が水面に映える

赤を基調にした鮮やかな色で、乾燥し埃くさい環境に潤いを与えている

2008年の北京オリンピックそして、「中国2010年上海世界博覧会(EXPO2010上海)」は、アメリカに対峙できる超大国としての中国を確定するためのセレモニーであった。北京は政治の首都、上海はかつて欧米の列強が"眠れる獅子"からいかに利権を獲得するかにしのぎを削った、アジア最大の開かれた国際都市だった。21世紀を目前にして、1986年、ベルリンの壁の崩壊とともに冷戦の氷解、雲散霧消したソ連に代わる中国が台頭する番になった。

上海は黄浦江に面して浦東と向き合うバンド(外灘)の、ヨーロッパの石づくりの建築群を見るような、中国とは思えない景観が様々な文明文化の色濃く浸透した歴史を物語っている。貿易と商業を中心にした国際都市の伝統を生かしながらも、利用できる良い考えや金、ものなどあらゆるものを世界中から取り込み、新たな世界都市上海を築くというものだった。

バンドより真珠塔を見る。観光のメッカ

意思決定から作業の早さは日本では考えられない迅速さだ。新生上海の意気込みと象徴がアジアのハブ空港を目指した「上海浦東国際空港」と市内を結ぶリニアモーターカーである。地下鉄はEXPOに合わせて、2006年の5路線から13路線に増やし、なおも建設中である。鉄道は南の浙江省や福建省方面へのキー駅になっている「上海南駅」が2006年に完成した。北京駅にしても上海駅にしても暗く、人でごった返し、うっとおしく、いたたまれない印象でいっぱいであったが、一気に世界に誇れる駅づくりを見せた。高さ47m、直径約270mの巨大円盤型で「上海南駅」は2階の出札口から入ると、明るいアトリウム式の広大な待合室は、それまで中国にはなかった気持ちのよさだ。かつて、外国からの船が乗り入れ、橋や地下鉄がなかった時代に対岸を結ぶはしけやフェリーや遊覧船乗り場だったバンドの南端、「16浦埠頭」周辺もすっかりお洒落な親水公園風のデートスポット

上海港クルーズターミナルより浦東を見る

になった。また日本からも大阪の南港や神戸、長崎からの発着フェリー乗り場、「上海港国際クルーズターミナル」が大規模に模様替えをした。

上海の文化の中心は、かつての共産党時代を象徴するような、人民広場に集中していた。1996年、上海博物館に始まり、1998年に大中小の三つの劇場を持つ「上海大劇院(オペラハウス)」がオープンし、2000年には上海美術館や白亜の「上海城市企画展示館」などが続いた。しかし、黄浦江のバンドの東側(対岸)、浦東新区の開発が始まると、上海の都市づくりは、かつての明、清王朝の北京の骨格づくりが現代版に都市計画された。中国の金融の中心、陸家嘴地区では世界に華々しく打ち上げた金茂大厦や上海環球金融中心が並び、さらに東へ大都市軸を延ばし、世紀大道が世紀広場を抜け、水と緑に彩られた広大な世紀公園へ向かう。そしてさらに東アジアの流通の拠点、「上海浦東国際空港」に繋がる。ここでは上海は言うに及ばす中国の目指す都市計画のサンプルを見せるステージとして表現されている。世紀公園の西端には、科学教育を担う「上海科学技術館」、北京のオペラハウスも手掛けたフランス人、ポール・アンドリュー設計の「東方芸術センター(OAC)」が美しい植栽の庭で縁どられ、公園周辺には高層マンション群が人目を引くデザインを競っている。

欧米が築いてきた都市を十数年ほどの短期間で成し遂げるには、経験豊かな先進国からの手助けが重要なのは言うまでもない。そのためには大量で広範囲のプロジェクトを分散し、国際的なスタッフで解決せざるを得なかった。田子坊の近く、廃棄された工場跡地をリノベーションして、道を跨いでブリッジで結ばれた「ブリッジ8」や地下鉄昌平路駅そばの「800SHOW」はまさにそれを具現化したもの。また、古くごみごみした、庶民の街も再開発の対象とされてきた。新しい観光地として多くの人で賑わう「新天地」。その南西、泰康路の「田子坊」では崩れかかったような家の集まる路地に、「豫園」のように、ノスタルジーを求めて、押すな押すなと観光客が押し寄せている。かつての上海の庶民の生活環境をベースにカフェやギャラリー、デザインショップなど現代的な感覚を加味し、昔と今を濃厚な色で仕立てた一画には、特に欧米の観光客が多いのが特徴だ。

15年ほど前、上海大厦に泊った時、下のガーデンブリッジを真っ暗なうちから、軒ほどもある荷を積んだ自転車がバンドに向かって蠢いているのを見て、上海だ、中国だと思ったし、ライトアップされた和平飯店方向を眺めれば、なんとミスマッチな世界なのかとも思った。その後、浦東の超高層ビルのデザインが少しずつ洗練されて欧米以上のものも多くなった。しかし、時代の波に揉まれ、第二のバンドとして生き残っていけるのか。あるいは、かつてのように国際色豊かな都市を築き、世界にその名を馳せるのか。それにはまず、経済、金融都市としてだけではなく、世界に見せるためだけではなく、市民のための文化都市を蓄積することがいっそう必要だろう。

01 交通施設

誇大妄想を具現化し、人の度肝を抜く。世界で一番だけではすまない。普通の思考方法では満足しない。それには機能とは何の関係のないものを合体させる。主要一般道のジャンクション上を走る高速道に葉巻型UFO状の建造物を組み合わせる(58頁)。「上海港国際フェリーターミナル」エントランスは2010年上海万博の続編かと思わせる心臓、空豆などを大きくしたようなカラフルなキドニーもどきと、やはりUFOかとおぼしき形態が宙に浮き出迎えてくれる。水に浮く船から、有人宇宙船の中国ではすでに宙に浮く船を先取りしたものか。

「上海南駅」前の波を打たせた芝のランドスケープ

「上海南駅」。内部は明るく、駅舎全体を見渡せる構造。
出札からスロープを使って中央の待合室へ。プラットホームのゲートは1階レベル下の電光掲示で表示される。地階が到着、最上階が出発階

上海南駅
調和したランドスケープに関しても、機能性と優れたデザイン性で見せている(設計/AREP・パリ、ECADI・上海、2006年、巻頭カラーI3頁参照)

上海浦東国際空港第一ターミナル

ゆるやかにカーブした天井から、ジャコビニ流星群のように丸棒が降り注ぐような空港ターミナル（設計／ポール・アンドリュー、1999年）

2003年にはリチャード・ロジャーズ設計の第二ターミナルが稼働し、計画中の第三ターミナルでは
年間最大1億人の乗降客を見込んでいる

新上海港国際クルーズターミナルのエントランス「音楽の門」

浦東新区に向かってビルの外側に波と風を象徴する風防を持ったオフィスビルと税関、免税店や店舗を合わせ8棟、約26万3000m^2の巨大施設（設計／Sparch、デザインディレクター／ジョーン・カラン、2012年、巻頭カラー12頁参照）

歩道橋下にクルーズ乗降客の待合室

靴型UFOとおぼしき国際クルーズターミナル

赤と透明の三角形で形づくられた不定形の美しいオフィスビル

新上海港国際クルーズターミナル

運航関係会社のオフィス棟

ガラス壁とオフィス棟のビルの間隙にはカラフルなベランダ

16浦埠頭

以前は昔風の乗り降りさえできればといった汚い船着き場からプラスティック性の透明屋根が風で棚引くような軽やかなターミナルへ変貌した。地階はショッピングモール、1階はターミナル、2階レベルはバンドに繋がる遊歩道で、浦東新区の超高層群を眺める展望台（設計／上海現代建築設計集団公司、2010年）

地下鉄10号線「江湾体育場駅」付近で主要幹線が交差するロータリーに建つジンベエザメ型ランドマーク。
夜の車のライトとUFOの窓から漏れる光で効果を上げようとした造形か（造形／ゾョン・ソン、2008年、巻頭カラー12頁参照）

西大盆港双子橋
放物線を描くパイプが何本も道路を跨ぎ、スキップするようなリズムを刻む（CA-デザイン、2010年、巻頭カラー13頁参照）

チンプ（青浦）歩道橋
鉄の角パイプのグリッドで構成された歩道橋
（設計／CA-デザイン、2008年）

EXPO2010上海会場の歩道橋
メビウスの輪のようにねじれた、デザインセンスの光った歩道橋

02 文化施設

観光都市として、歴史遺産に頼ってばかりであまり目立つ動きはなかった。しかし、国や市の力をあてにしないで「ブリッジ8」や「田子坊(66頁)」、「800SHOW」などに見られるように、既存のものを手直しして再生する方向には期待が持てる。

上海科学技術館
広大な広場に建つ、鷲が翼を広げ、玉を戴く造形
(設計/PTKL、上海建築設計院、2001年)

上海大劇院
上海一の繁華街、南京路に近く、庶民のオアシス人民広場に建つ
(設計/ジャン=マリシャーパンチ、1998年)

上海城市企画展示館
主に2020年頃を目途にした上海市の都市計画を展示している。近年では、上海万博に関する模型を使った情報公開で多くの来場者を集めていた。その他映画上映やイベントも開かれている
(設計/リン・ベンリ、ECADI、2000年)

東方芸術センター
上海市の花、白玉蘭(モクレン)をモチーフにしたという(設計/ポール・アンドリュー、2004年)

ブリッジ8

訪れた時は建築家セミナー。道路を挟んでブリッジで繋がれた建築は、テラスに出たり、屋上からの景観を眺めたり、何か現れるのか?(設計/HMAアーキテクツ、2007年)

800SHOW

元自動車工場のリノベーション。ギャラリーを中心にした文化とレストランなどショップの融合を図ったもの(設計/ロゴン建築、2009年)

03 ビジネスコンプレックス

浦東に超高層ビルが林立し始めた頃、大げさであっても経験不足で表現がついていけなかった時代から、「ジャイアントインタラクティブグループ本社」の出現を見ると隔世の感がある。土を這い水と共存したエコ型低層建築は上海の都市の成熟度が急速に進んだことを物語っている。

ジャイアントインタラクティブグループ本社

上海の西端、田園地帯にある地下鉄松江大学城駅から車で20分ほど走った先に、忽然と現れる「未来都市」、中国オンラインゲーム会社。左手は住居棟。歩道橋を渡ってオフィス
（設計／モルフォシスアーキテクツ、2010年、巻頭カラーI4頁参照）

オフィス棟とレジャー棟は道路を跨ぐ歩道橋で結ばれている。そのダイナミックな造形には情熱の大きさと創造的な行動力を感じさせる

庭と建物が一体のものとしてつくられている。
しかもゲーム会社らしく未来都市を先取りしたアグレッシブな勢いを発散している

敷地周辺を掘り池にし、その土でマウンドをつくっている

レジャー棟エントランス。巨大怪獣の乳房か？

左奥は「上海環球金融センター」、右手前は「金茂ビル」

左手は「上海環球金融センター」、右手は「金茂ビル」

浦東地区

浦東地区

静安寺周辺

静安寺周辺

バンド

静安寺周辺

中国建築ではビルの先端が命。超高層ビル時代になると、足元とビルの頂きしか見えないというわけで、ビルの先端にデザインを集中する

04 スポーツ施設

上海東方スポーツセンター

中国では一時代前の機能さえあればよいという建築から、このところ規模や世界に誇れるデザインの美しさを強調するものにすっかり変わった。そして、力強い表現から優雅さを目指したものも出てきた。

王冠風の陸上競技場

2011深圳のユニバーシアードの会場では直線と平面での三角形をモチーフにした構成だったが(83〜85頁)、
ここ「上海東方スポーセンター」ではすべてがゆるいカーブで表現している
(設計／gmpアーキテクテン、2011)

室内競技場、プール。スポーツ施設では緑と水がセットになっている

05 商環境

上海には大規模なショッピングセンターやモールの類は少ない。しかし、「豫園」のような宮廷風から「田子坊」のような庶民的なもの、あるいは現代風の「新天地」や年季の入った観光のメッカ「南京路」など観光や買物を楽しめる個性的な場所は多い。

新天地

租界時代の石庫門住宅が目玉の上海の観光名所。
（開発／シュイオン・ランド社、2000年、巻頭カラー13頁参照）

段々珍しくなってきた昔ながらのしもた屋の骨董屋

すでに消えた日本租界のあった街並み

田子坊

多くのアーチストのアトリエがあり、それを目当てに人が集まるようになった地域。スノッブなお店もあるが、入り組んだ道を市民の生活を垣間見る感じで分け入るのがなかなか楽しい

田子坊近くのブティック。スチールメッシュを毛羽立たせたようなファサード

陸家嘴

観光客は必ず訪れる浦東のシンボル真珠塔の脇。リング状の展望台でもある歩道橋から、21世紀の灯台にも見える

IT企業のショールーム&ショップ（設計／ボフリン・サイウィンスキー、2010年）

06 公園、ランドスケープデザイン

「東方芸術センター」や「上海科技術館」のある「世紀公園」から浦東にかけて中央分離帯を兼ねた細長い公園では様々なデザインを楽しめる。

世紀公園

右手奥に「東方芸術センター」。中央奥のツインのアーチは地下鉄駅

バンド

黄浦江を挟んでバンドと浦東。新旧の時の流れを見ることができる

07 パブリックアート、パフォーマンス

彫刻に関しては、中国的な装飾が強いものから、哲学的な表現が増えている。バンドや南京路などの観光客の多いところでは集団演舞が華やか。

浦東地区の公園のパブリックアート

万博跡地公園の「黄とグリーン」。焦興涛作

「珠」。ジョン・ルパート作

見なれた光景のバンドの集団演舞

「新天地」周辺のパブリックアート

08 中国2010年上海世界博覧会（EXPO2010上海）

2008年の北京オリンピックでもっとも進化した都市が北京。さらに2010年上海万博で、世界に誇る金融都市を見せた。経済力にあかして、欧米の文明文化を買い集め、一定の成果を上げてきた。しかし、この万博ではイギリス館の種の方舟、オランダ館の住宅のバベルの塔、マドリードのエコハウスなど、西欧が築いてきた文化の奥深さと創造性のスケールに先進国への道は一朝一夕にはいかないことを肝に銘じたのではないだろうか。しかし自国中国、寧波市の古い住宅を立体的な公園にしたパビリオンは欧米人も驚く表現だった。

「寧波館」。壁のパーティションを利用して水槽をつくり、あたかも空中で金魚が泳いでいるかのような幻想的な風景も見せる（巻頭カラー14頁参照）

「イギリス館」。真っ暗な室内に入り、少し経つと無数の光の点とともに銀河に浮遊しているような自分に気がつく。
外のアクリルの触手の先から光を導き、7.5mの端に埋め込まれた6万種の野生植物の種を浮かび上がらせる。

「イギリス館」。綿帽子型宇宙船に乗り込むような臨場感に胸が熱くなる。デザインはイギリスの若手デザイナー、トーマス・ヒーザーウィック

「スペイン館」。エコとは原始生活に戻ることが基本とでも言いたげなスペイン館の「草ぶきの家」

「スペイン館」。大仏と言えるスケールの赤ん坊の
屈託のない表情を人類は維持し続けることができるのだろうか
（巻頭カラー14頁参照）

「オランダ館」。ボッシュを生んだ低地の国オランダは高みを目指す

「アラブ首長国連邦（UAE）館」。アラビアンナイトやラクダを
連ねた隊商というイメージの砂漠の国、アラブ首長国連邦の
テーマは、ドバイに代表される世界の富を集めたハイテクの国。
閉幕後も人気があって残されているパビリオンの一つ
（設計／ノーマン・フォスター）

深圳

深圳は中国の現在の縮図に見える。東西83km、南北45km、ほぼ奈良県の大きさに人口は10倍の1400万人の住む街。香港に接し、かつては人口2万人ほど、漁業と塩田の鄙びた地域だった。それが1980年代、経済特区になると、上海の浦東地区以上に、香港という手本や人材そして資本と問題なく揃って発展した結果、現在推定人口700倍。それにしても爆発的な膨張を見越した都市計画は国家の力が十分以上に機能していることがすぐわかる。地下鉄網は現在5路線運行、そして3路線が工事中。400m近い高さのオフィスビルや超高層マンション群には驚かなくても、「深圳市庁舎」の巨大さにはあきれてしまう。中華思想とはすべてに一番でなければ厭なのだろうか。高さや量だけでなく、質についても世界のトップレベルの設計者を招いて、香港の質に近づけようとしている。磯崎新設計のオペラハウスと図書館を併設した「深圳文化センター」。テリー・ファレルの「京基100」。そしてスティーブン・ホール設計の大梅沙の開発会社「万科センター」と同社が手掛けるリゾート開発など、世界でも有数のレベルで新たな深圳の顔にしようとしている。

深圳では経済特区という変則的とも思われる都市から、香港のような総合的に魅力のある都市づくりを様々にアピールしている。スポーツではユニバーシアード2011会場の一つとなった「バオアンスタジアム」のデザイン。水泳会場などになった「ユニバーシアード2011スポーツセンター」。素晴らしいデザインを囲む緑の美しさは、訪れた人に中国のエコへの取組みを知らしめたに違いない。また深圳大学の水と緑豊かなキャンパスの中に、おそらく世界一長い橋状の「深圳大学タウン科技図書館」や隣接する「北京大学深圳大学院」、隣の塘朗駅前に建設中の「南方科技大学の新校」を見れば、この一帯の研究学園都市への展開が読み取れる。

深圳市庁舎周辺のビジネスパーク

01 ビジネスコンプレックス

爆発的な経済発展による雨後の筍のような超高層ビル群の建設ラッシュが続く深圳。中でも、現時点で一番高いのがテリー・ファレルの「京基100ビル」。100階建て、440m。一方、深圳の東、大梅沙のスティーブン・ホールの「万科センター」のように、建築家にとっても何十年も温めてきたアイデアが、欧米ではなく中国でやっと開花させることができた感じがするほど、ラッキーな時代だった。

京基100
ファサードのガラス壁がラッパのように膨らんだエントランス
（設計／テリー・ファレル、2011年、巻頭カラー15頁参照）

側面の紡錘形と言い、ファサードの円弧と言い
しなやかで美しいカーブを見せる「京基100」

巨大でも威圧感がないばかりか、プリーツスカートが風で膨らんだような柔らかさが特徴の「京基100」

万科センター

築山をつくり池を巡らせている（設計／スティーブン・ホール、2012年、巻頭カラー17頁参照）

ビルの機能ごとに中心部から放射状に枝分かれした「万科センター」はピロティの上に浮いたように空中に展開している

スティーブン・ホールの抑制された形態と素材や色のバランスがミニマルアートを見るような絵画的表現

ピロティの池の下に地下ビルをつくることで天と地の逆転を図る

02 住・生活環境

大梅沙は低い山々に囲まれ、海浜公園を持ったリゾート地だったこともあり、「万科センター」からビーチにかけて、南欧リゾート風の開発をしている。ベニスで見られるような橋を架け、アウトレットやショップを設け、また山の上や中腹には洒落た別荘などが点々と建てられており、海を挟んで向かいの香港とは異なる景観を見せている。

「万科センター」とビーチの間にはベニスを模した南欧型リゾートとアウトレットや住宅などが同時に開発された（巻頭カラー17頁参照）

運河にはベニスのような橋と椰子などの街路樹、そして歩道もモザイク模様で雰囲気を出している

人工の池や水路を巡る中国式の石畳の歩道

タツノオトシゴの噴水

03 海浜公園

大梅沙海浜公園

大きなビーチと日よけテント、トイレなどの設備も十分。水平線の先に香港の山並みが見られ風光明媚でもある。飛ばない巨大イカロスは墜落することもなく、色とりどりで形態が異なり迷子は出ない。

ビーチのランドマークで展望台

万科不動産の開発地の眼の前が大梅沙海浜公園。巨大な色とりどりのイカロスがダンスをする（巻頭カラーI7頁参照）

04 文化・教育施設

市庁舎周辺には磯崎新の「深圳文化センター」、「少年宮」や「少年科技館」。深圳大学には現代の万里の長城を思わせる「深圳大学タウン科技図書館」がある。歴史のない新しい都市の問題は文化をいかに築き蓄積していくのか。深圳が近々世界の大都市に仲間入りする時に、磯崎新の起用はふさわしいものだった。

深圳文化センター
右がオペラハウス、左は図書館(設計/磯崎新、2008年、巻頭カラー16頁参照)

少年宮、少年科技館

3D映像館や音楽ホールなどで人気を集めている（設計／ステファン・ブラッドレイ、2004年）

幾何学的な蜘蛛の巣とも見えるオペラハウスのガラス屋根を支える支柱は角柱でできた樹木に金箔が貼られている。
向かいの図書館は銀箔貼り

深圳大学タウン科技図書館

ゆるくうねった屋根に滑り降りてきたソリ型宇宙船かと思えるような複合要素をもつ
（設計／RMJM、2006年、巻頭カラー16頁参照）

大学城方向からの水路を橋で跨ぐ「深圳大学タウン科技図書館」。
北京大学深圳大学院、清華大学、南開大学共用の図書館。蔵書数150万冊

北京大学深圳大学院

傾いた回廊の屋根が印象的(巻頭カラー17頁参照)

校舎に沿って曲がりながら繋げた人工デッキは、
多少の雨や陽射しは避けられても、基本的には校舎の連絡橋であり、
大きなまとまりとして見せる景観上からつくられたものだろう

05 深圳市庁舎

いくら大きなもの好きな中国でも、万博のメイン会場かと思ってしまったほど巨大な建築とデッキである。そして次には、何に使うのかという疑問を今でも引きずっている。

深圳市庁舎
巨大デッキを見ると万博会場を思わせる。エントランスは開口部の下の階
（設計／リ・ミンギ、2004年、巻頭カラー16頁参照）

横からの眺めは巨大寺院を思わせる

市庁舎の人工デッキ下の空間。ショップと階段状のイベント広場

06 スポーツ施設

国威高揚の場としてのオリンピックは大成功だった。そして、ここ深圳でも世界の若者に中国と深圳の思想と方向性をアピールするには「ユニバーシアード2011」は最高の舞台だった。開催に合わせて大規模なスポーツ施設が数多くつくられた。パイプの構造を孟宗竹に模した「バオアンスタジアム」。深圳大学や北京大学の深圳大学院のある構内にもUFO型の室内体育館、そしてユニバーシアード駅の別名を持つ大運駅には「ユニバーシアード2011スポーツセンター」ができた。

バオアンスタジアム
テント屋根を支える柱は竹を模したパイプ

ユニバーシアードの「バオアンスタジアム」はフライテントのような軽さと仮設的なイージーさが躍動感を生んでいる
（設計／フォン・ゲルカン、マルグ、2011年）

ユニバーシアード2011スポーツセンター

メインアリーナ。勝者の月桂樹の冠をデザインした陸上競技場の外観（設計／gmp アーキテクツ、2011年、巻頭カラー16頁参照）

水泳競技場。国際的な大会には偉大な国家像を喧伝するためとは言え、優れた施設がこれでもかと情熱の迸りを見せている

オープンな陸上競技場とグリーンの三角屋根が美しいメインアリーナ

長方形のグリーンのガラス箱のファサードに
三角モチーフをつけた水泳競技場

緑色ガラスが外部から内部へ展開する彫刻的な造形美を見せる
メインアリーナ

07 商環境

初めて深圳を訪れた時、駅前の広大なモールは大きいと思っても、香港に比べれば街並みの景観のデザインレベルはほど遠いと思っていた。しかし近年、「オペラハウス駅」周辺はじめ洗練されたスポットがいくつもできているのには驚かされる。

お洒落なショッピング街。後ろに「京基100」

08 パブリックアート

パブリックアートのない街や国は先進国、あるいは文化国家になれないというテーゼは中国でもまさしく踏襲され、その数は多い。

「深圳市庁舎」デッキで展示されたトンネルハウスとも言うべき作品

「京基100」周辺は彫刻も多い

大梅沙のハウジング中庭のブロンズ彫刻遊具

香港

1990年代初頭まで、香港と言えば九龍城のアンタッチャブルの魔界と九龍城すれすれに啓徳空港を離発着する旅客機のドアップの印象が強烈に残っている。まさに文明の激突を目の当たりにできる場所だった。イギリスから中国への返還後も、その西欧と中国との対立軸が先鋭化すればするほど、香港らしくエキサイティングな都市として浮かび上がった。中環の金融街の「香港上海銀行」、「中国銀行」、「リッポセンター」にしても、世界を代表する建築家の設計。表の顔、昼の都市景観は凛と澄ました西洋の貴婦人であり、暑い昼はじっと潜んでいた夜行性生物のように、夜になると眠りから覚める。ネーザンロードの油麻地を歩けば、九龍城の血が脈々と流れているのを直感できる。ところ狭しと商品が溢れ、頭の上にはネオン看板のジャングル。光の洪水で頭を酩酊させ思考回路を狂わせるようなカジノにも似た香港の素顔、生活環境はダイナミックな対比を見せるから嬉しい。

アジアの金融センターとしてのシェアを広げるにしても、上海やシンガポールといったライバルとの競争は激化している。また、関税のかからないフリーポートとしての観光集客も、ライバル都市が増すにつれて、香港の魅力は減少する傾向にある。しかし、一方で、中国本土での収入格差が増大する中、少しでも自由を求め、憧れの西欧の生活に近づきたい人々にとって、香港は両方手に入る恰好の都市となっている。

世界三大夜景の一つ、ヴィクトリア湾の夜景

香港も新世紀へ向けて、香港島より大きなランタオ島沖に空港を新しくつくり、橋を架けて繋いで空港高速鉄道や地下鉄などインフラ整備をし、都市機能の強化を図った。そして九龍半島寄りにディズニーランドやアジアワールドエキスポをつくるなどして、人の流れをつくり、人口過密な香港からランタオ島への人口分散を図ろうとしている。香港に接している深圳にしても、マカオに接する珠海にしても、経済特区としてITやハイテク産業地区として住み分けがはっきりしていて、香港の進出は難しい。当面は観光と金融そして大学や研究・学園機関の充実を図り、特に、ジャッキー・チェンらを生んだ香港映画産業のような創造的な分野をいっそう育てれば、西洋と東洋が激突する最前線香港を舞台に新しい文明の可能性が期待できる。

01 大学、科学館

アジアの時代が一過性に終わらないためにも、大学教育に力を入れているのは香港も同じ。香港市立大学では、リベスキンドの折れ曲がったかのような特異な形態の「メディアクリエイティブ センター」が山の上で聳えている。「香港デザインインスティテュート」は地下鉄「調景嶺駅」と直結し、ビル全体を巨大昇降機でリフトアップしたような、浮いてできた空間の大きさ、デザインのスケールと技術の大きさを誇示している。「香港中文大学」では、「統合科学研究所」が新築され80の研究室と11の研究部門が5階建ての建物に集約された。

香港中文大学統合科学研究所ラン・ラン・ショウ科学ビル
山の中腹に多様な時代の可能性を色とりどりのファサードで表現している（設計／RMJM、2005年、巻頭カラー19頁参照）

急斜面に建つ研究所

「香港中文大学教育学部棟」

香港デザインインスティテュート

巨大な四つのジャッキでガラスの箱をリフトアップしたような形態(設計/コルダフィ&アソシエイツ、2010年、巻頭カラー19頁参照)

地下鉄「調景嶺駅」とブリッジで繋がっている

「香港デザインインスティテュート」の特徴は何と言っても、
巨大な吹抜けと1階から8階のラーニング&リソースセンターまで一気に上るエスカレーターの空間の見せ方

香港理工大学イノベーションタワー

「香港理工大学」は「紅勘駅」や「香港サイエンスミュージアム」に囲まれた尖沙咀の裏手と言ったところに位置している。方舟風の高さ76m、現在建設中で、写真は完成予想図（設計／ザハ・ハディド、2013年完成予定）

香港市立大学メディアクリエイティブセンター

香港映画の父、サー・ラン・ラン・ショウの名を冠したユニークな外観をもつ建築（設計／ダニエル・リベスキンド、2011年）

香港科学公園
水路の両側に展開する

香港科学公園高錕会議センター
「香港中文大学」の東側、風光明媚な吐露湾に面したチャールズ・カオ博士を記念した公園。
跳ぶことを強く意図した巨大ラグビーボール状の「高錕会議センター」。博士は元同大学長、2009年にノーベル物理学賞を受賞している。
（設計／レイ＆オレンジ、2008年、巻頭カラー19頁）

02 ビジネスコンプレックス

世界を代表する建築家を招いて設計を依頼することは今では普通になったが、香港が先鞭をつけた。ポール・ルドルフ、イオ・ミン・ペイ、ノーマン・フォスターらと格調ある都市を築いたことが金融都市としての顔にも繋がった。そしてアジア人にとって身近に本物の西洋文化に接することのできる唯一の都市だった。

「香港上海銀行」内部

香港上海銀行香港本店ビル
(設計/ノーマン・フォスター、1985年)

中国銀行タワー
（設計／イオ・ミン・ペイ、1990年）

リッポセンター
（設計／ポール・ルドルフ、1988年）

「中国銀行タワー」プラザの朱銘作「太極」（1989年）

「香港中文大学図書館」前の朱銘作「仲間」1997年

03 交通施設

「香港国際空港」ができたのが1998年。ターミナル2は2007年に増築された。そして、空港高速鉄道駅の天井の高さ、オブジェによる装飾は、香港の伝統とも言うべきごちゃごちゃ詰め込んだこれまでのうっとうしい環境とは正反対。しかし中環と尖沙咀を結ぶスターフェリー(巻頭カラー20頁参照)のいかにもローテクな感じは、あらゆるものがスマートになった時代に、ブリキのおもちゃのようでこのまま続いてほしい。

香港国際空港

(設計/ノーマン・フォスター、1998年、巻頭カラー20頁参照)

空港高速鉄道「香港駅」(巻頭カラー20頁参照)

空港高速鉄道「九龍駅」

空港高速鉄道「香港駅」周辺

香港は坂の街。スカイウォークがダウンタウンを巡っている

ザ・ピーク

ビクトリアピークに建つ（設計／テリー・ファレル、1995年）

尖沙咀駅前のバス停とタイムマシーンを思わすオブジェ

紅勘駅

元「九龍駅」と言い、現在は深圳市の入口羅湖駅までのMTRと北京、上海などへのターミナル駅でもある

04 買物天国

香港はどこへ行っても人だらけ。人がいないと香港とは思えないほど。特に夜になると仕事も終わり、多少涼しくなり、人で溢れる。写真は尖沙咀周辺。家賃は高く、住居も狭い。人々は解放感を求めて外へ出る。

ショッピングモール美術館

2009年末にできた。地下鉄「尖沙咀駅」に近く、
ショッピングだけでなくアートも楽しもうと言うショッピングモール
（巻頭カラー19頁参照）

the One

色とりどりの構造や表現が異なり、積木を重ねたような
ショッピングモール。まさに巨大サインとも見える。
ショッピングアーケードを「縦」にした世界で初めての商業ビル
（設計／丹下都市建築設計、2010年）

iスクエア

香港一と言っていいほど立地条件のよい場所、
ネーザンロードに2009年にオープンしたショッピングビル
（設計／ロッコデザイン、2009年、巻頭カラー18頁参照）

ネーザンロードのネオン

05 公園

香港と言えば過密と同義語と言っていいほど平地にオープンスペースの確保は難しい。かつての魔窟と言われた九龍城の跡地や埋立地などで公園整備が進められている。

九龍寨城公園

元九龍城跡地（デザイン／謝順佳、1996年）

アベニューオブスターズ（星光大道）

一世を風靡したブルース・リーやジャッキー・チェンらが築いた香港映画産業を記念する（デザイン／AGCデザイン、2004年）

香港公園

園内のバード館

九龍公園

園内には彫刻が多くある

06 パブリックアート

建築と同様、20世紀を代表するパブリックアートを設置してきた香港も、近年少しテンションが落ちてきた。

「香港文化センター」のセザールの彫刻

ヘンリー・ムーアの「ダブルオーバル」

台湾の著名な彫刻家、朱銘の作品

「九龍公園」脇のブロンズの作品

ランドマークイースト社前庭に立つ「ウォーキングイースト」。コルテン鋼に塗装(作者/ポロ・ブリオウ、2009年)

「香港美術館」のベルナール・ブネの展覧会、2012年

「香港文化センター」のステンレス彫刻

バリー・フラナガン風のブロンズの作品

1998年初めに、台湾に李祖原の建築を見に行った。世界のビルは高層になるに従い、アメリカ型の建築と都市になり、アジア的なものは駆逐されてきた。それに対し疑義をとなえ、東洋の伝統的デザインで可能性を試みてきた李祖原に期待していたからだ。この本のサブテーマ「アジア型都市は可能か」を考えるようになったのは、日経BP社「日経デザイン」1998年8月号に「李祖原によるアジア型建築の可能性と台湾」というリポートを書いて以来である。ヨーロッパの都市は数百年、あるいはもっと以前から、少しずつ民族の文化に合わせて手直しをしながら発展してきた。石やレンガの堅固なビルとは異なり、木造や土造の華奢なつくりのアジアの都市はいったんことがあれば、跡形もなく更地になる。北京や上海で胡同に面した四合院の再開発がまさにこれだ。

権力と自己顕示欲の結晶である巨大建築とは異なる指向の建築を「2010台北国際花卉博覧会」と都心から電車で30分ほどの北投で見た。建築への距離感が「眺める」ではなく、皮膚感覚に近い「使うあるいは触る」といった身近な存在になった。花博の「天使生活館」、「未来館」、「ドリーム館」そして「台北市立図書館北投分館」などである。生活環境がケミカルなもので埋め尽くされる中、木や水といった自然素材の中で生活したくなる。

花博の「天使生活館」、「未来館」、「ドリーム館」を木材という直線の素材を有機的なカーブで軟らかく表現して、人の動きもやさしくなったのではないか。

台北の動きは李祖原の、当時世界一高い「台北101」ビルの前後、周辺に貿易センタービルや新光三越などの商業ビルが次々建ち、その動きが加速すると期待されたが、その後は停滞したと言うより頓挫した感が否めない。しかし一方で、「台北市立図書館北投分館」などの伝統的木造建築を見ると、李祖原とはまったく異なるアプローチであるがアジア型建築・都市の可能性が膨らむのを感じる。

「中華電視公司テレビプロダクションビル」。
斜めの構造に三角のガラスの箱をぶら下げるという建築なのだろう（設計／李祖原、2004年）

MRT「剣潭駅」

01 李祖原設計のビジネスコンプレックス

台北101

「宏国大楼ビル」(1998年)でアジア型の建築を大きく前進させた李祖原設計(2004年)

古代シュメールか映画イントレランスの世界かと思える大構造の1階ロビー(巻頭カラー22頁参照)

宏国大楼ビル

切妻瓦屋根を載せれば巨大寺院かと思える(設計/李祖原、1998年)

02 エコロジー、教育施設

生活環境を取り巻く自然を体験しながら、エコロジーを考え、生活に役立てていこうとする。木造建築は直線になりがちであるが、すべてゆるやかなカーブで構成された建築群は心をゆったりさせ余裕で満たしてくれる。

ドリーム館
2010台北国際花卉博覧会（巻頭カラー21頁参照）

「ドリーム館」内部

「ドリーム館」は構造には鉄骨を使っていても、木造建築を思わせるおおらかなカーブを描きその下にはビオトープがある（設計／九典聯合建築師事務所、2010年）

天使生活館

2010台北国際花卉博覧会。館内の垂直庭園。立体とも言えるほど盛り上がった緑のレリーフは
ありそうでなかったエモーショナルなものだった。トップライトの演出が効果的（設計／九典聯合建築師事務所、2010年）

「天使生活館」屋根上の遊歩道を降りると「ドリーム館」の正面（巻頭カラー21頁参照）

台北市立図書館北投分館

緑に囲まれ、下に小川が流れる別荘風仕様。自分の家にしたいほどの愛着感
（設計／九典聯合建築師事務所、2006年）

図書館内部。朝早くから三々五々人が集まる

各階沿いのデッキの椅子はのんびり読書三昧を楽しめそう

国立台北科技大学

都市部の緑化できない環境をいかに解決するかの提案。
歩道に沿ってビオトープも設けられている

大木を模したような金属のレリーフ状の樋に沿って、蔦や蔓草を這わせるように展開している。
訪れた時は真冬であったため、緑の壁にはなっていなかった

台北市立美術館増築部

アトランダムな構造が端正で美しい空間を生んでいる(設計／簡學義、2010年、巻頭カラー21頁参照)

ガラスの内部は構造や壁、床が真っ白に塗られている。自分の着衣だけが色であり、動くたびに生きていることを実感する

新北市立十三行博物館

台北市の衛星都市、新北市の新しい名所の一つ。古くから栄えた人々の生活出土品を主に展示
（設計／孫徳鴻、2002年、巻頭カラー22頁参照）

スリットが出口

六角形のタワーを中心に、飛行機の翼のような形態と
四角の箱で構成

丘を兼ねた屋根からは、外側の淡水河口に十三行遺跡が広がる。
右下がエントランス

華山1914創意文化公園

野外ステージを兼ねた円形広場の奥は元工場

かつての建国ビール工場跡地を利用したアートを中心としたテーマパーク

03 パブリックアート

建築や美術にしても、自国だけでアジアの他都市との距離を縮めるのは難しく、世界中から協力を仰いだらどうだろうか。

「南港展覧館駅」の「自然的韻律—文明的節の5天人境界」(作者／林瞬龍、陳珠櫻、2007年)

地下鉄淡水線「忠正紀念堂駅」の「ミュージカルスカイ」。青空に雲のパネル(作者／荘普&楊岸)

2011年末、地下鉄南港線と文湖線が繋がった「南港展覧館駅」の「空中の河」(作者／頼純純)

04 商環境

一人でガウディを目指すような「レストラン伍角船板」があっても後に続くものがない。台湾はおとなしく元気がない。国家としての存立が影響しているのか。何はともあれ、他のアジア諸国のように、世界に魅力を発散し観光客を集め、自国をアピールするしかない。

新光三越信義新天地

都市そして特に商環境は動き、変化しないと反比例して寂しく見える

夜の台北

レストラン伍角船板

おびただしいオブジェで構成されたレストラン。これだけのものをつくった謝麗香のエネルギーはものすごい。台北の西欧文明に毒されない孤高の灯台となっている(デザイン/謝麗香、巻頭カラー22頁参照)

05 スポーツ施設

大きな通りの交差点に建つ「台北アリーナ」。半円形の大画面の映像は、通る人に絶えず刺激とメッセージを伝えている。

台北アリーナ

元市営球場跡地につくられた多機能施設。各種スポーツ競技からコンサートまで、世界中から有名タレントが集まる（設計／POPULOUS、2005年）

「台北アリーナ」に併設されている松山スポーツセンター近くの台北陸上競技場を合わせて「台北体育公園」と呼んでいる

06 交通施設

遠くて魅力にも乏しい「台湾桃園国際空港」への道程よりも、台北としては「松山空港」へのアクセス関係を整備した方が観光客にとっても得策。そして魅力的な都市アイテムを増やすことが必要。特に、文化にかかわる全般をボトムアップしなければ孤立する。

松山空港駅

2008年、その利便性から「松山空港」は再度国際線に昇格。上海、成都など中国都市間と羽田との定期便就航。MRT文湖線の「松山空港駅」も新設（設計／台北市政府敏運交通システム局、2009年）

出入口をエレベーター棟とエスカレーター棟の二手に分けた「松山空港駅」

「松山空港駅」エスカレーター棟内部

07 住環境

過密な台北を離れ、住宅地はスプロールを続けている。淡水線の終点、淡水駅に近い駅前に建設中のマンションは淡水河に面し、寄せては返す波を表現したのであろうか。

ベランダだけでエモーショナルな表現になっている。揺れ動くリズムが快く美しい(巻頭カラー22頁参照)

従来はマンションの先端だけで特徴を出そうとした

バンコク

バンコクは大都市ロンドン、パリに次いで旅行者が多く、その数は東京の2倍強の1200万人を超え世界3位。物価が安く、街全体が寺町といった歴史や落着きがあり、そして何と言ってもワットポーに代表される寝釈迦像のポップでのんびり、ゆたっり感が漂う。現代人のアクセク、神経症にかかりそうな生活からは異次元とも思える世界にどっぷり浸かり、緊張という垢を、大げさに言えば陰々滅々とした人生の殻を脱ぎ捨てられる街だ。14世紀頃よりヨーロッパとの海上貿易で栄え、19世紀には近隣諸国が列強の植民地になる中、巧みな政策で東南アジアで唯一独立を保ったことはよく知られている。仏教遺跡のアユタヤ、スコータイそしてリゾート地ではプーケットやパタヤなどいくらでもあり観光産業を中心とし、また海の幸山の幸に恵まれ、米を中心とした農業を軸に食うには困らない環境で欲がなかったのであろうか。動きは遅かった。しかし、周辺国の動きを見て、潜在する能力の開発へ向かうのは当然だった。農業、観光、ハイテク立国への道である。近代化への模索の第一歩は1967年のASEAN加盟で踏み出された。80年代には、仏教徒の温厚で教育水準の高さが、円高で苦しむ日本の家電、自動車メーカーの大量進出を可能にした。現在製造業を中心に、4000～7000社近くが活動し、車は9割近くが日本車という。香港でも右ハンドルということで日本車はそれなりに見たが、バンコクでは日本車だらけで嬉しくなったものである。そして、まず国の玄関である新空港「スワンナプーム国際空港」で国の姿勢や印象を明確にしたのは大成功だった。そして空港とバンコク市内を結ぶ途中駅、「マッカサン駅」も機能的に変え、古いバンコクから新しいンバンコク、ひいては新しいタイのテンションの高さを披露する準備が整った。

チャオプラヤ川に架かるタクシン橋からのエクスプレスボート

01 交通

20世紀末にかけて、世界中が新世紀の物流の中心が航空機になることを見越して、デザインと機能性をアピールした巨大空港をつくり、地域の中心ハブになるための綱引きをしてきた。エコ型空港として知られるドイツ、ミュンヘン空港の設計者ヘルムート・ヤーンの「スワンナプーム国際空港」の設計は大成功だった。誰もが共有できる公共施設でも、これほど巨大で現代技術の粋で圧倒されれば、国民は国を信頼し誇りに思うのではないだろうか。

スワンナプーム国際空港

規模が巨大になると、デザインや機能と言った以上に哲学が必要となる。世界観や人類に対する思想やメッセージが問われる

「スワンナプーム国際空港」。ターミナルビルの到着階、出発階もその間のレストラン階も別々に平面で仕切るのではなく、エスカレーターが動く歩道になり、階を繋いで移動できる新方式を開発（設計／ヘルムート・ヤーン、2006年、巻頭カラー23頁参照）

水上交通

バンコクはチャオプラヤ川とその支流や運河で生活してきた。近年、川の汚れの浄化工事が行われている。チャオプラヤ・エクスプレスボートに乗れば、バンコクは川と共にあるということを実感し、観光の中心部をパノラマで見た気分になる。

ワットアルン（暁の寺）から対岸へ向かうクロスリバーフェリー

ボートの桟橋

セーンセブ運河のロングテイルボート

陸上交通

かつて主流だったバイクから、今や車で道路は溢れている。しかも過密で寺院など多いことから、ダウンタウンの再開発や道路整備が進まない状況で排気ガスによる環境汚染は深刻さを増している。

タクシン橋上からシーロム方向。どこも車の洪水。2人乗りはバイクタクシー

バイクタクシー店

旧市内の交通

02 商環境

観光立国タイでも徐々に工業化が進み、所得も増えてきたせいもあって商環境は華やかだ。巨大デパートやショッピングモールは目白押し。「セントラルプラザラープラオ」の外壁のデザインや「ターミナル21」などのエンターテイメント性は次のステップ、テーマパーク的な演出に繋がるものだ。

キングパワーコンプレックス
ダウンタウンの中心部に位置する。免税店舗の2階に仏像を展示

gateway

コカコーラのボトルのテント構造の店舗。BTSスカイトレイン線の「サイアム駅」前にあり、
店舗、イベントなど多目的な施設(巻頭カラー24頁参照)

「gateway」のエントランス

様々な要素を狭い空間に押し込んでいる

スクンビット通り、ソイ11、13辺りはスノッブな地域として知られ、
東京で言ったら表参道の裏通りといった感じで、ディスコやレストランが集中している

ソイ11、13の奥にはデザインを凝らしたミニホテル

微笑みの国らしいユーモアのあるホテル

セントラルプラザラープラオ

1982年開業の東アジア第2位の規模で2010年にリニューアルオープン（設計／アルトゥーン＋ポーターアーキテクツ、2010年）

ターミナル21

フードコート3階の吹抜けにはサンフランシスコの金門橋の精巧な模型が楽しめる

2階のテラスには楽団が入っているのかと思ったらスターバックス

03 住環境

暑い都市特有の開放的な住環境のバンコクの街並みが劇的に変わりつつある。ザリバープライベイトレジデントクラブが象徴するように、バンコクも量より質の時代となり、所得格差が都市の景観を変えようとしている。

帝の冠を持つ李祖原風のマンション

ザリバープライベイトレジデントクラブ
チャオプラヤ川に面し、タクシン橋たもとに建つ
表側と裏側の表情がまったく異なる超高層マンション
（開発／ライモンランド社、2011年、巻頭カラー23頁参照）

低層の街並みに飛び抜けたユーモアを振りまくエレファントタワーの愛称を持つ巨大集合住宅

04 病院

バンコクの医療と言えば貧富の格差がよく言われる。そして、暑く、洪水などによる疫病の蔓延を防ぐためにも、格差の是正とともに、医療システム全般の改良が急務になっている。

シリラート病院（新築工事）

タイで一番歴史のあるシリラート病院の新築工事。新しい病院のあり方を模索・実践するプライベート病院を目指している。様々なデザインを取り込み、楽しい環境をつくろうとしている（設計／SJA＋3Dアーキテクツ、2006年、巻頭カラー24頁参照）

「シリラート病院」。チャオプラヤ川のエクスプレスボートの桟橋に接し、併設されている「シリラート医学博物館」も有名である

シーザー・ペリ設計の「ペトロナスツインタワー」を竣工前に見た時、クアラルンプールは一体どんな街になるのか訝しかった。と言うのも、スコールが来ると、街の名前の由来である椰子の林を開墾したような、赤土でドロドロした泥水が溢れ歩けないようなところに、青白くロウソクの炎のようにタワーが建っている姿は異様な光景だったからだ。LRT高架鉄道の工事も始まっていた。そして同じ年の1998年には、黒川紀章設計の「クアラルンプール国際空港」ができた。これらを起爆剤にクアラルンプールの近代化、再開発を進める目論見は、現在のところあまり成功しなかったと思える。1957年、イギリスから独立し、名称もマラヤ連邦からマレーシアとなった。1965年、州であったシンガポールはマレー系と中華系の民族的対立が融和するのは不可能と判断され分離、独立した。バブル崩壊やリーマンショックで、アメリカ、EU、日本の経済がこれほどぐちゃぐちゃになるとは思えなかったし、高度成長の波がこんなに早く東アジアにやってくるとは思わなかったのだろう。世界の命運をアジアが握るなどとは誰も考えなかった。

マレーシアは人口2850万人、うちクアラルンプールは165万人（2010年）。生産物は豊富、数多いリゾート地で外貨を稼ぐ、物価も安定したのんびりした国だった。それにしても分離・独立した時は小さな子供だと高をくくっていたシンガポールが、金融と観光を目玉に急激なスピードで成長し、その上、次々と新しい魅力を付け加え、いち早く付加価値の高いIT産業から頭脳産業へ乗り出している。この隣国の「巨人」に煽られ、近年あせって動き出したのがクアラルンプールではないだろうか。その上、海を隔てて隣国タイが工業化で大成功を収めているのを黙って見ているわけにはいかない。タイは農業、観光、工業の三本柱で世界の中でサバイバルできる国力を身につけようとした。宗教が仏教とイスラム教の違いがあるにしろ、その動きには早めに対応する必要があった。タイにはアユタヤなどの仏教遺産は豊富だし、東洋人には心のふるさとだ。しかも穏やかで勤勉な国民性は、国際社会で協調できる財産を持っている。

引き換え、クアラルンプールはかつての錫鉱山で発展し、ヴィジョンのない都市計画はどちらかと言えば成り行き任せでスプロールしてきた都市だ。中心核をつくろうとし、「ペトロナスツインタワー」や鉄道を対処療法的に加えてもバラバラでまとまりがなく、機能的な都市へ脱皮できなかった。クアラルンプールに見切りをつけた首都機能移転が始まっている。クアラルンプールと空港のほぼ中間地域に行政新首都「プトラジャヤ」を建設中。また2002年には高速鉄道も開通している。新首都は、40％近くを緑化することが義務づけられており、高温多湿、太陽が照りつける街に街路樹がしっとり茂った街並みになるのだろう。

クアラルンプールというよりマレーシアを象徴する「ペトロナスツインタワー」

いかにもマレーシアらしいマーケットのブロンズ製のアーケード

01 ビジネスコンプレックス

オフィス、大学、病院、ホテル、ショッピングモール、マンションなど別々のファサードを持ったビルや統一されたデザインで、個々のビルをあたかも街路を持った街区をガラスの屋根や壁で一ケ所にまとめたと言える、都市を小型にしたようなシステムのセンターが多数見られる。単独での様々なリスクを回避するための方策と思われる。60年代、バックミンスター・フラーが、マンハッタン島をすっぽり被せるドームで人工環境を提案したが、着々とその「夢想」に近づいている気がする。

ペトロナスツインタワー
（巻頭カラー25頁参照）

カメラの絞りを思わせる「ペトロナスツインタワー」の低層のショッピングモールの天井

「ペトロナスツインタワー」のKLCC公園

暑いマレーシアでは水があれば子供たちは水遊び

「ペトロナスツインタワー」内の彫刻

「ペトロナスツインタワー」。2003年まで世界で一番高かった88階建て452mのビル。
2本のタワーを結ぶ42階のスカイブリッジの展望台に行けるが、定員制限があるため朝配布の整理券をもらっておくのが得策
（設計／シーザー・ペリ、1998年）

FELDAタワー

KLCC公園に隣接する東側は
現在もビジネスパークとして拡張を続けている。
そしてこの「FELDAタワー」のように
デザインの質が高くなってくると、都市全体の
テンションがあがる
（設計／RSPアーキテクツ、2011年、
巻頭カラー26頁参照）

SOOKAセントラル

ヘルメットを被った人の頭部といった感じの「SOOKAセントラル」。
クアラルンプールセントラル駅前のフィットネスクラブやフードコートもあるビジネスセンター（設計／RSPアーキテクツ、2008年）

「FELDAタワー」設計者
ハッド・アブ・バカル（Hud Abu Bakar）

（RSPアーキテクツ提供）

FELDAタワーはクアラルンプールの建築レベルを牽引

Q：クアラルンプールの「FELDAタワー」と私の好きなシンガポールの「ラサール美術大学」や「ヘンダーソンウェイブ」はRSP社という同系列の設計事務所の作品のように見えないのですが、デザインやコンセプトに関しては各設計事務所に任せるということでしょうか。

A：確かにクアラルンプールの「FELDAタワー」とシンガポールの「ラサール美術大学」はともにRSP社で設計しました。大変親密な系列関係にはありますが、各事務所自身の望むデザインとコンセプトが優先です。それぞれ目的も違いますし、異なる地理的条件と社会環境を考慮することが、もっとも重要な要件となります。

Q：都市やランドスケープにとって建築とはなんでしょうか。たとえば、シンガポールの「ラサール美術大学」はフランク・ゲーリーやサンチャゴ・カラトラヴァの建築のように巨大な彫刻のように思えます。これらのデザインによって、都市を創造的で人工的な環境に変えようと意図しているのでしょうか。

A：都市を変えようというより、「FELDAタワー」は都市に加わるというところでしょう。それ自体の平衡感覚と優雅さを維持しつつ、クアラルンプールの都市景観を補完することを意図して設計しています。社会に対して偶像的で押しつけがましくないようにしています。50階の高さはKLCC公園を背景とした「ペトロナスツインタワー」側から見ての一番いい高さです。大事なことは利用者を豊かにすることです。

Q：たいていの都市がアメリのスタイル、つまり効率的で実用的なスタイルをとっていますが、アジア独自と言いますかマレーシアらしくあるいはシンガポールらしくといった建築の可能性についてはどうお考えでしょうか。

A：私にとっては、効率的かつ実用的というのは一つのキーワードですが、しかしスタイルではありません。現場のプラニング、環境や社会のニーズに敏感であれば、良いマレーシア的な建築は強制されるというより、むしろ自然に展開すると思います。アジア的な価値はいろいろな意味で欧米流とは違っています。我々の風土、文化、働き方や生活の仕方のライフスタイルをとってみても。この地に欧米風の建築を強制すれば、“勘違いのモニュメント”を最終的にはつくってしまうことになると思います。

クアラルンプール／FELDAタワー（130頁）

シンガポール／
ラサール美術大学（167頁）

シンガポール／ヘンダーソンウェーブ歩道橋（175頁）

略歴　**ハッド・アブ・バカル（Hud Abu Bakar）**

ルイジアナ州立大学建築学士（1986年）。カリフォルニア大学バークレー校建築修士（1988年）。クアラルンプールのRSPアーキテクツで25年にわたり大小のプロジェクトに携わる。際立つボリューム感の、滑らかで脈絡のあるスタイルを得意として、クアラルンプールの多くのランドマーク的なビルを指揮している。FELDAタワー、KLヒルトン&メリディアン・ホテル、グレート・イースタンタワー、クィーンズベイ・ペナン、FELDAタワーに隣接するプラチナムタワーKLCCやハーレー・ダヴィドソンショールームなど多数。また、優れた不動産建築に贈られるパリに本部のある世界不動産連盟FIABCI賞、アジア太平洋不動産賞など受賞多数。

KLセントラル

クアラルンプールセントラル駅に直結した巨大コンプレックス。約15ゾーンが2000年頃から2010年頃にかけて建設にかかり、ホテル、オフィス、マンションの一部はすでにオープン。2015年までにはコンベンションセンター、集合住宅、ショッピングモールなどが順次竣工予定（マスタープラン／黒川紀章、巻頭カラー25頁参照）

左手前に「セントラル駅」。デッキで「KLセントラル」と直結している

ビルに造形的な特徴をつけ、また高低差で都市の陰影をつけている。中庭に出れば、まだ樹木は小さいが都市のオアシスになりそうだ

サウスゲート（南大門）

巨大コンプレックスには用地確保が大きな問題。この「サウスゲート」もクアラルンプールの環状高速道の外側、低所得者用の低層住宅そして小さな自動車整備工場などが並ぶすさんだ環境にある。しかし、イメージは上海の「新天地」を目指しており、オフィス、集合住宅棟のアトリウムにはお洒落なレストランやカフェ、ブティックが並ぶ（施主／L&Iインターナショナル不動産）

交通量の多い大通りに面した「サウスゲート」。広場を中心にスコールや暑さに対応した快適な人工環境づくりは、熱帯都市の主流になってきた

テレコムセンタータワー

垂直の面と後退する面をブリッジで繋ぐとどうなるか。筍と称されている、捩じったようにも見える大手企業テレコムマレーシアの本社ビル。高さ310m、55階建てのビルには多目的ホール、幼稚園、礼拝堂、スポーツ施設なども入っている（設計／ヒジャス・カツリ社、2001年）

02 文化施設

文化施設が異様に少ないクアラルンプールで「シティギャラリー」は物産展示場のようだし、文化政策はこれからなのだろう。一方、「国立マレーシア銀行新美術館」は金融立国を目指すシンボルと思える。デザインも施工もきっちりした美しさを見せている。

ロビーの螺旋階段

手の込んだ工芸的表現には伝統を感じる

国立マレーシア銀行新美術館

市庁舎から国立マレーシア銀行を抜け王宮へ向かった山の中に忽然と現れるのは「国立マレーシア銀行新美術館」だ。
昔、マレーシアでも貨幣として使われたことのあったコヤスガイの形を模したとのこと。
外観はマレーシアの織物風。古銭などのコレクションは世界的にも有名。新美術館は銀行関連オフィスも入ったオフィスビルでもある
（設計／ヒジャス・カツリ社、2008年、巻頭カラー25頁参照）

シティギャラリー

築100年以上の趣ある建物。しかし企画展示はわずかで、ほとんどミュージアムショップか物産展の感じ。街中にも彫刻などはほとんど見られず美術に関心がないのか、動きは感じられない

ギャラリー横の工房で伝統工芸品がつくられているのはおもしろい。そして販売されている

クアラルンプールセントラル駅再開発地区に立つ
クアラルンプールでは珍しいパブリックアート。
三角形の色とりどりのアクリル板がツイストしている感じ

食虫植物のうつぼ蔓の大きな噴水彫刻

03 大学

マラヤ大学

シンガポールに刺激を受け、人材育成だというわけで、大学キャンパス整備に本腰を入れている感じがする。デザインも重厚でマッシブなものから、太陽熱を避けるベンチレーション的な庇や隙間を持ったものや、カラフルなものになっている。山の広大な敷地に点在する各学部を暑い坂道を歩いて見るのは疲れる。

「マラヤ大学」。マレーシア第一の名門大学。学生数1万人強。キャンパスに点在する明るくカラフルな校舎は下を走る電車からもひときわ目を惹く

「マラヤ大学経済・経営学部」(設計／ヒジャス・カツリ社、2005年)

04 交通施設

クアラルンプール国際空港

1998年の黒川紀章設計の「クアラルンプール国際空港」は地勢的にシンガポールやバンコクなどの巨大ハブ空港に比べると、地方空港のように規模も小さく、単純で平面的な構造に見える。しかし、分厚い屋根で太陽光線を遮り、天井も低くして、快適な居住性を確保しようとしたエコ建築の先駆け。

左手にターミナルビルそして内にチェックインカウンター

緑に囲まれた環境の空港駐車場

黒川紀章はモスクのような薄暗い瞑想空間を想定したのだろうか。そして、少し太いがミナレットのような柱で大地を思わせる天井を支えている（巻頭カラー25頁参照）

クアラルンプールセントラル駅

鉄道では、「クアラルンプールセントラル駅」が文字通り中心。マレー鉄道をはじめ4路線や空港バスなどを受け入れて、しかも、あまり動線計画がスマートでない何層にもなった巨大駅でもある。そして乗降者も多いため、日本によくある駅ビルのショッピングモールといったスマートなものではなく、いかにもアジア的な猥雑な巨大マーケットに、鉄道駅とバスターミナルが混在しているといった、クアラルンプールをダイジェストしたものに見えた。

都市計画をあまり感じられないクアラルンプールを象徴したようなセントラル駅

こちらは空港線ゾーン。少しお洒落な雰囲気

乗り換える度に出札口がどこなのか迷ってしまう。店舗やら屋台、それに人で溢れかえっているから

05 新首都

プトラジャヤ

クアラルンプール市内に当時世界一高い「ペトロナスツインタワー」を建設する頃には、すでに過密化により首都機能移転構想はあったと言う。実際の建設が始まったのは1995年。広さは東京都練馬区とほぼ同じ49km²。2020年を目途に人口はほぼ半分の30万人規模を予定。場所はクアラルンプール国際空港とクアラルンプールのほぼ中間地点。椰子林を切り拓き、湖や川を掘り、その土で丘をつくった。

まったく何もない白紙に夢の「首都」を描こうというわけである。1997年のアジア通貨危機のあおりを受け工事が一時中断。しかし、1999年、首相官邸の一部移転を皮切りに、少しずつ断続的な省庁移転を実行中。国会議事堂はクアラルンプールに残し、まずモスクを建て、その他省庁、政府機関のビルそして住宅とマンション群やショッピングコンプレックスなどをデザイン性のある橋で結んだ水と緑の環境に配置している。

人間の使命は美しい心を育てること、美しい世界をつくること。マレーシアのその理念に向けた敢然と挑戦する姿勢には感服した。

「コンベンションセンター」下の公園の歩道橋

火の鳥のバレーとも見えた「スリ・ワワサン橋」
（デザイン／PJSインターナショナル、巻頭カラー26頁参照）

政府関係のオフィスも順次建てられている

人工とは思えないプトラジャヤ湖。遊覧船の先にプトラモスク

湖や川を掘った土で築かれた丘に君臨する「コンベンションセンター」(設計/ヒジャス・カツリ社、2003年)

ソウル

1990年代のバブル崩壊によって、日本ではメセナと呼ばれる文化支援事業は泡と消えた。韓国では経済破綻をきたし、国の存亡すら危ういほど深刻だったことは記憶に新しい。韓国が陸続きの中国の影響を色濃く受け、文化大国への道を突き進むには明確なヴィジョンの基に、国家政策を進めているのだろう。有史以来、長年に亘る日本など隣国からの侵略や近年では朝鮮戦争で南北に分断されただけでなく、あらゆるものが塵芥に帰した背景を考えれば、朝鮮民族のアイデンティティ、文化を構築することに躍起になるのは当然である。それを世界に強く印象づけたのは1988年のソウル・オリンピックだった。スポーツの祭典なのはもちろん、文化オリンピックとして世界の代表的な彫刻家に依頼した彫刻公園の成功がソウルを初めとする他の都市づくりの基本になった。

徳寿宮の王宮守門将交代式

大企業の高層のオフィスビルやベンチャー企業集団の集中する江南地区に、1995年竣工の浦項製鉄会社のポスコセンター前にはフランク・ステラの代表作の一つ、ステンレスのスクラップ彫刻が置かれており、ビル内に美術館を持ち現代美術の最先端の作品を躊躇なく取り入れている。国立現代美術館は、ビデオアートで世界をリードしたナム・ジュン・パイクの作品、テレビを積み重ねた巨大円錐ピラミッドをロビー吹抜けに置き、新しい文化を切り開こうとするパワーが感じられた。文化遺産といったものが少なければ、新しくつくり、蓄積する方向は、自国のアーティストを育成するという目的が基本線ではありながら、世界一流のアーティストや建築家の起用が効を奏し、世界でも注目される都市になった。ソウル駅近くの「ロダン美術館」に続く、同じサムスングループの「三星美術館／Leeum」のマリオ・ボッタ、ジャン・ヌーベル、レム・コールハースの競作。レム・コールハース設計のソウル大学の美術館。新築の市庁舎にはエコを象徴する梁や柱を覆う植栽に驚かされる。また市庁舎に近い慶熙宮前広場でのレム・コールハースによるテント構造の「プラダトランスフォーマー」。固定から可変へと柔軟さが求められるこれからの都市や建築を象徴するようなインスタレーションであった。

都市の未来像を探る積極的試みは「梨花女子大学」でも見ることができる。アジアではシンガポールに顕著に見られるが、大学が国や世界のリーダーであろうとする理念を、ここでも目の当たりにする。学生を中心に若者文化の中心地、新村にある名門大学の門からすぐ右手、小高い丘を真っ二つに切り、Uの字に削り取られたスロープと階段の両側はガラスの壁であり、その内側に教室やコンビニエンスストア、学生食堂などが並ぶ。屋根でもある丘は植栽され、遊歩道が巡り、そして大河、漢江や汝矣島方向を眺める展望台でもある。ソウルは、2010年、icsid(国際産業デザイン学会会議)の選抜によりイタリアのトリノに次いで「世界デザイン首都ソウル」として選ばれ、「見せる都市」を一気に開花させた。どのプロジェクトも大胆で巨大、現在考えられる世界の一流どころに設計を依頼している。2001年、アジアのハブ空港を目指し開港した「仁川国際空港」は、2009年、世界のベスト空港に選ばれている。隣接する、同じくテリー・ファレルの設計による巨大UFOに見える「交通センター」は韓国のランドマークとしてつくられたもの。そして空港とは仁川大橋で結ばれ、ソウル市内から地下鉄も通じている仁川市延寿区に経済自由区、国際ビジネス地区/松島新都市をつくっている。自然回復の施策の一つ、都心部に架かる高速道路を撤去して復元された清渓川(チョンゲチョン)プロジェクト(2005年)には驚かされたが、ソウルの中心を東西に蛇行しながら流れる漢江の河川敷を公園化するプロジェクトは着々と進行し、多くの市民が自転車、釣り、運動、ピクニックと楽しんでいる。

北朝鮮との国境を50kmに控えたソウル。北朝鮮を反面教師としているわけではなくても、小国の生き残る道を順守し、文化国家の首都の動きを世界にアピールし続けている。ソウルのマンハッタンと呼ばれた国会議事堂などのある政治、経済の中心、汝矣島の超高層ビルの足元には巨大彫刻が必ず設置されている。ソウル市内はどこを歩いても彫刻だらけという風景になんという国、なんという街かと思った。

現代美術館のナム・ジュン・パイクの作品

ポスコセンター前のフランク・ステラの作品

01 松島新都市

松島新都市は仁川国際空港から車で20分ほど。ソウルから約40km、仁川広域市に属している。漢江が黄海に流れ込む河口周辺に位置する。1500haを埋め立て、韓国版シリコンバレーとして経済特区に指定され、同時に良質なハウジングも供給し、ソウルのベッドタウンとしても機能しており、現在人口270万人（松島新都市マスタープラン／コーン・ペターセン・フォックス（KPF）、2009年）。

トリ・ボウル
（設計／iアーク アーキテクツ、2010年、巻頭カラー28頁参照）

トンネルと水で都市にドラマをつくろうとする

ソウルの地下鉄を乗り継ぎ、仁川1号線の「セントラルパーク駅」に降り立つと、「トリ・ボウル」と呼ばれる、UFOのような、地域を象徴する未来都市型建築に遭遇する

キャナルウォーク
新都心の北側、中央に水を使った長さ740mの低層のショッピングモール。
2階のレベルに回廊を回し、景観を楽しむ工夫もされている（設計／KPF、2009年）

春夏秋冬の名前のつけられた各棟には、それぞれ野外彫刻が置かれている

キャナルウォークのモールの前後を占める
文字の断面をもつ赤い彫刻（巻頭カラー28頁参照）

カメレオンの舌を思わせるブロンズ作品

ザシャープビル

巨大モンドリアン風であるが、グリッドは紺色、壁は白色、ところどころ赤、青、緑などアクセントをつけている

超高層マンションが林立する中、低層の長屋式店舗。1階はキムチと焼き肉店、上にコンテナ

マンション群の中庭。ルーブル美術館風の
ガラスのピラミッドのパーゴラ

川の多くに造形的な橋が架かり、目を楽しませるだけでなく、
位置関係を明確にしてくれる

トゥモロウシティ

未来都市体験空間として様々なイベントに対応できる機能を備えている

広場を中心にトルネード風、UFO型、回廊などの建築物が囲んでいる

石かガラスの球体を半分に割ったかのようなステンレスの彫刻

松島コンベンシア

2008年オープン。「シドニーオペラハウス」の形態と構造をもとに設計されている。後ろに韓国一高い「北東アジア貿易タワー」（設計／KPF、2008年）

屋根のディテールも美しい造形

彫刻大国であり、文化大国への道も大きく開かれている

02 ビジネスコンプレックス

KINTEX

ソウルは市内の再開発だけでは限界になり、郊外に新都市を開発してきた。中でも漢江に沿って北西に向かった高陽市の地下鉄3号線の終点、「大化駅」周辺の動きには目を見張るものがある。その一つがコンベンション&展示場の「KINTEX」。駅前には広大な池を持つ大公園があり、市民のレジャースポットになっている。また「KINTEX」から少し奥には巨大なショッピングモールを新設するなど魅力溢れる都市に成長している。

「KINTEX」は第1展示場だけでは収まりきらず、
巨大な第2展示場をつくった。
アジアのハブ空港を目指す仁川国際空港に近く、そして、
将来の北朝鮮のことも考えてのことなのだろうか。
展示スペース10万8000m²。
収容6000人。宴会2000人が可能
(「KINTEX」第1展示場:設計/SMDP、2005年、
第2展示場:設計/RATIO、2012年)

「KINTEX」第1展示場後方、広大な中庭を挟んで
「KINTEX」第2展示場とオフィスタワーがある

「KINTEX」第1展示場

「KINTEX」第1展示場

03 ソウル市庁舎

日本統治時代建造のソウル旧市庁舎は壊す計画もあったと聞くが、最終的には中心部を残した。新市庁舎が大津波のように旧市庁舎を呑み込むような対比は、今の韓国やソウル市の姿勢を如実に物語っていて正解だったように思える。そして新市庁舎の外観のユニークさもさることながら、自然と共存した創造都市を築くシンボルとして強烈にアピールしている。

ロビーを見上げると緑の壁の上には飛行船のようなものが浮かび、その上をガラス屋根が覆う

機能性よりもデザインによる文化都市を象徴する

ソウル新市庁舎

「旧市庁舎」に覆いかぶさるように建つガラスの「ソウル新市庁舎」。中に入れば、草の壁や天井には飛行船そしてエアーダクトやパイプ類やら、劇場の楽屋裏か現代美術のインスタレーションといった市庁舎とは思えない摩訶不思議な空間（設計／iアーク アーキテクツ、2012年、巻頭カラー27頁参照）

「ソウル新市庁舎」。旧市庁舎を覆うようなガラスの新市庁舎は国旗のデザインがヒントか

三角のガラスで構成された新市庁舎の外壁は
万華鏡のように世界を映す

旧市庁舎と新市庁舎を結ぶブリッジ

04 文化施設

漢江で南北に分かれているソウル。1988年のオリンピックを契機に南岸の開発が進み、現在では人口比率もほぼ5:5になっており漢江の重要性も増している。川の安全性だけでなく市民の多様な楽しみに対応するための施策が2007年7月に発表された「漢江ルネッサンスプラン」。そのプランのもとにできたのがこの「ソウルフローティングアイランド」。三つの島で構成され、夜にはLEDで漢江の水面に映える。また島を浮かせるための様々な技術が駆使されている。(設計／ハエアン建築＋H 建築、2011年)。

ソウルフローティングアイランド

この島は3島でなっており、飛行機のフローティングシステムを採用していると言う。また島は利用期間に合わせて陸地と桟橋で結ばれる。一番大きな花の島は「ヴィスタ」と呼ばれガラスでできており、700人収容の劇場

木でできた「種」と呼ばれる一番小さな島「テラ」。漢江で盛んな水上スポーツのハブとなる

アルミのパネルでできた「蕾」は「ヴィヴァ」の名前を持ち、各種イベントが催される。

三星美術館／Leeum

小高い丘の上の彫刻庭園。日本でも馴染みの深いルイーズ・ブルジョワの「ママン」。その奥左はレム・コールハースの「児童教育文化センター」。右手にジャン・ヌーベルの「現代美術館」（巻頭カラー29頁参照）

ロダン美術館

ソウル駅近くのサムスングループの美術館

「ロダン美術館」内。手前にカレーの「市民」、奥に「地獄門」

「ソウルフローティングアイランド」の傍にある野外舞台

ソウル大学美術館

丘の街と言っていいほど漢江周辺以外、起伏に富んだソウル。「ソウル大学美術館」は濃い緑の山の中に、ガラスの箱が、片方を浮かせ傾いた状態で建てられている。アグレッシブさを前面に出すのが一流大学の証しなのか（設計／レム・コールハース、2006年）

「ソウル大学美術館」のベルナール・ブネの鉄の作品

プラダトランスフォーマー

市庁舎の北西、慶熙宮広場に置かれた「プラダトランスフォーマー」。ファッションショーや映画の上映会などイベントに合わせて、六角形・長方形・十字・円の形態を回転させ、機能を可変させるフレキシブルで表現自在の建築（設計／レム・コールハース、2009年、巻頭カラー29頁参照）

梨花女子大学

門からは植栽されたなだらかなスロープにつくられた峡谷のように見える。
パリ、セーヌ河畔に建つ「フランス国立図書館」の設計で知られるフランスの建築家
ドミニク・ペローの設計(2008年)

距離感を出すためにプランターの置かれた丘の階段は、野外ステージにもなる(巻頭カラー29頁参照)

汝矣島公園

ソウルのビジネスの中心地と国会議事堂のある政治の中心地との間に位置する
広大な緑地帯は、政治的配慮から生活環境への転換が見られる

05 公園、ランドスケープデザイン

ソウル市内の生活環境は超過密ということもあり、公園や広場の整備は急務だった。河川敷も急速に整備が進んでいる。

清渓川復元プロジェクト

清渓川を覆い1971年に完工した清渓高架道路は、ソウルの近代化そのものであった。それをあえて壊す勇気と生活や景観にシフトした都市政策に世界中が注目した。市庁舎のすぐ北から東西に5.8kmに渡っている（ソウル市、2005年、巻頭カラー29頁参照）

4、5m上を走る車道の騒音や排気ガスから隔離された環境にはいつも市民が散歩を楽しむ憩いの場になっている

漢江市民公園

汝矣島の国会議事堂裏手の遊覧船の船着き場

国会議事堂裏と漢江市民公園を跨ぐ草で覆われた歩道橋

ソウルマリーナ・クラブ&ヨット（2012年オープン）

ディライター

漢江市民公園のUFO型浮き野外ステージ（設計／キュンガム・アーキテクツ社、2009年）

06 パブリックアート、ストリートファニチュア

ソウルはパブリックアートの数から言えば、世界でも断トツ1位だろう。そして質もだんだん高くなり、世界一流も増えた。その反面、整理も必要になってきたのではないだろうか。

慶熙宮近くのバス停

「東南圏流通センターガーデンプラザ」(2010年オープン)

ザハ・ハディド設計の「東大門プラザ&デザインパーク」のペットボトルでつくられた狛犬

07 交通施設

仁川国際空港設計者テリー・ファレルはターミナルビルに関しては単純な表現をしている。それに対し、交通センターは地下鉄や駐車場といった人の流れが交錯する場としてドラマを演出したかったのであろうか。未来的な外観もさることながら内部は宇宙船のターミナルを彷彿させ、テレビドラマのロケに多用されるのもうなずける。

仁川国際空港
うずくまった白鳥にも見える巨大な交通センター
（設計／テリー・ファレル、2001年、巻頭カラー28頁参照）

年間5000万人の利用者を想定した「仁川国際空港ターミナル」のチェックインカウンターの中央へアクセスする交通センター。地下へ下るエスカレーターは駐車場へアクセスする

シンガポール

20世紀末頃より東アジアで始まった都市文化の盟主の座を賭けた戦いに、東京は90年代のバブル崩壊以後脱落し、韓国はソウル、中国は上海、北京、そして今度はシンガポールが参戦した。東京23区ほどの面積に、生活人口約500万人、人口密度世界第1位のシンガポールが、21世紀以後、世界の中でどのように伍して生きていくのかを非常に興味深く見てきた。

新世紀になって、新生シンガポールの第一歩は、愛称「ドリアン」の「エスプラネードシアター」が2002年にシンガポール川の河口、マーライオンの対岸に建てられて方向性が明確になった。赤道直下、熱帯の動植物とタックスフリーのショッピングやリゾート施設のセントーサ島を売りにして集客してきたシンガポールが、130余年のイギリス統治下の遺産とエキゾティシズムだけに頼ることから脱却し、独自の方向性を模索し提示してきた。また中東、アジア諸国への中継基地としての「チャンギ国際空港」やマラッカ海峡の地勢的優位性を生かし、海運と航空の流通産業に加味して文化におけるハブを目指したのは当然だった。

都市国家とも言えるスケールのシンガポールの特性を生かした決断と行動力のスピードで成し得たのが、2010年4月にオープンした奇想天外のコンセプトを持つ「マリーナベイサンズホテル」だ。ノアの方舟と言うよりは、海洋国家シンガポールを象徴した新しいモニュメントなのだろう。屋上の空中プールそして庭園にはジャグジーやレストランが併設され、宇宙時代を先取りして無重力の天空に浮いている、あるいは雲の上にいる感じなのだ。足元のカジノ、コンベンションセンター、ショッピングモール、そして蓮の花を模した「アート科学博物館」を含む巨大複合施設。中海とも、湖とも思えるマリーナ・ベイを囲んで西側は超高層群が林立するシンガポールが誇る金融街。そして北側、議事堂や裁判所など行政地区と「エスプラネード」や美術館などの文化施設、そしてマリーナ・スクエアなどの商業地区が並ぶ。シンガポールと言えば、かつては「ラッフルズ・ホテル」とその周辺から、今観光の中心は「マリーナベイサンズホテル」に移った。またホテルの東側には東京ドーム25倍、100haの「ガーデンズバイザベイ」が2012年6月オープンした。熱帯地域ということで二つの冷室の植物園を持ち、水資源確保のための淡水化をもくろむ「マリーナ・バラージュ」のポンプ場を併せ持つ一大リゾート施設である。そしてその先には船舶の群れるマラッカ海峡。

資源のない小国で建国の父、リー・クアンユーが提唱してきた理念は付加価値の高いものをつくりだせる、創造性高い頭脳集団を目指すこと、その意図が、多くの研究、教育施設の建物にも現れている。また美術学校などの充実ぶりを見るにつけ、創造的な分野の開拓に力を入れ、東アジアの美術のハブ都市として君臨するのも夢ではないと思えてくる。商環境にあっても、市民レベルのカジュアルさと年齢にとらわれずに楽しめる環境づくりを進めている。セントーサ島に向かうケーブルカーの乗り場横につくられた伊東豊雄設計の「ビボシティー」は全体が造形で彩られたアミューズメントパークと言えるようなショッピングモール。ショッピングのメッカ、オーチャード通りやクラーク・キーそしてチャイナタウンやブギ周辺のショッピングモールの変貌ぶりや充実度には目を見張るものがある。

決断と実行のシンガポールは独裁的なネガティブな問題も抱えているのかもしれないが、それらは市民の自由の制限も収入の増大する生活の豊かさで相殺できた。文化遺産と言ったものはほとんどなく、これらの拡充はやっと緒についたばかりだ。観光産業を進める上で、経済優先で観光客誘致のためのサービス優先の都市づくりから、多様なライフスタイルを楽しみたい市民の欲求にどれだけ応えられるかが、次のステップとして問われている。

マリーナベイからの「マリーナベイサンズホテル」の全景（設計／モッシュ・サフディ、2010年）

01 観光、リゾート&コンベンション

マリーナベイサンズホテル

タイやマレーシアなどがバリやペナン島と言ったビーチリゾートで世界中から集客するのを指をくわえて見ているだけだったシンガポールが、創造力で対抗したのが、「マリーナベイサンズホテル」のプールだった。天空と言うより「天国のビーチ」。椰子の木を植え、風にそよがせ、ダウンタウンの真ん中で世界や自分の重さを解放させた。カジノ先進都市ラスベガスは、後ろに地球の割れ目を見るような壮大なグランドキャニオンを控え、また家族が楽しめるテーマパークとしても成功してきた。シンガポールが自然と人工物で究極のエンターテイメントを目指すには、生半可な考えとつくりでは集客できない、それほど世界は小さくなった。

金融街を見下しながら水遊び（巻頭カラー30頁参照）

天空の庭園では竹籠風のベンチが置かれ、ジャグジーでパーティも楽しめる

プールというより天空のビーチ

02 公園

酒類は普段飲むには高く、禁欲的で働くだけの生活から脱却し、文化的なもの、レジャー施設の選択肢を増やすことは国民にとって重要だった。近年、観光客誘致だけでなく市民も楽しめる多様なレジャー施設がつくられるようになった。2012年オープンの「ガーデンズバイザベイ」は二つの植物園こそ入園料が必要だが、周辺の広い公園は早朝から真夜中過ぎまで市民に開放されている。またシンガポール川がマラッカ海峡に流れ込む手前には「マリーナ・バラージュ」のポンプ場もあり、水上スポーツやレジャー施設としても機能している。

ガーデンズバイザベイ スーパーツリーの森
巨木や赤いパイプに蔦が絡む緑のジャングルにはまだなっていない。エレベーターで高さ22mのスカイウェイに行き、ガーデン全体を見渡すことができる。夜には1時間ほど、音響を伴ったライトアップが楽しめる（デザイン／グラントアソシエイツ、ウィルキンソン エア アーキテクツ、巻頭カラー31頁参照）

各ガーデンを結ぶ遊歩道には、ジャングルの雰囲気を演出するパイプに蔦を這わせる

マリーナ・バラージュ
渦巻きのような形態で小さな丘をつくっている
（設計／アーキテクツチーム3、2008年）

ループの下の噴水公園

ガーデンズバイザベイ「フラワードーム館」

アフリカから移植したバオバブの樹がシンボル。このほか樹齢1000年のオリーブ林もお勧め。植栽された地面は多層構造とし、下から見上げたり、上から見下ろしたり、また様々な角度から観察しやすいよう工夫されている

ガーデンズバイザベイ「クラウドフォレスト館」

高さ30mの滝が地上に届く前に雲散霧消する光景を裏側の階段やデッキから涼しく観察できる ©Gardens by the Bay

03 大学、教育施設

資源のない小国が生き残るには人材育成が一番とはよく言われる。まさに建国の父リー・クアンユーの国づくりは国家観の根幹にあるものであり、しかも付加価値の高いものづくりができ、考え方のできる創造性ある頭脳集団の育成、人材の輩出を目指すものだった。そのための教育施設は、たとえば、シンガポール管理大学(SMU)、国立シンガポール大学(NUS)などは世界の一流大学以上と言っていいほどの環境である。英語という世界共通語を義務付け、世界中から優秀な教授陣の招聘を促し、勢いのある国。国民一人一人の名目GDPは日本(2011年世界18位)を抜いてアジアで一番(同13位)というのも大きな自信に繋がり、学生に接しても生き方にぶれや迷いを感じない。中でもラサール美術大学や南洋理工大学(NTU)のアート学部などを訪れてみれば、シンガポールがいかに創造的な、先進国としての骨格を持ち、文化的分野の開拓に力を入れ、東アジアの美術のハブ都市として君臨するのも夢ではないと思えてくる。

ラサール美術大学
道路面には音を遮断する石の壁、内部はクレバスあるいは氷山のようなガラスの凹凸のスキン
(設計/RSPアーキテクツプランナーズ&エンジニアズ、2007年、巻頭カラー32頁参照)

シンガポール工科大学化学、生命科学部増築

2本のガラスの円筒をモチーフに使った斬新なデザインは強い陽差しを遮ぎるための機能も持つ（設計／アーキテクツチーム3、建築中）

ITEイースト職業訓練教育専門カレッジ

大きな中庭の中央に空中庭園を設け、そこにブリッジが掛かり、各学部にジョイントしている（2005年）

空中庭園の下は野外劇場。
この他にもオーディトリウム、マルチメディア学習センター、カフェテリアなどいくつもの機能を有している

シンガポール南洋理工大学（NTU）美術学部

校舎ははアースワーク建築（設計／CPGコンサルタンツ、2006年）

ずれた二つの円弧で囲まれたNTU美術学部の中庭。周囲の丘を削ったかのようなエコ建築

04 劇場、美術館

エスプラネード

「エスプラネード」ができた時は、まさに赤道直下シンガポールを象徴するデザインだと思った。アジア型都市づくりのターニングポイントになったものだと思っている。このシアターは、1600席のコンサートホール、2000席の劇場、野外劇場をはじめ、美術展示用ギャラリーや視聴覚系のライブラリーなど複合的な設備を兼ね備えている。また、レストランや洒落たブティックなども揃い、劇場とは別に、これらショッピングモールも市民や観光客で賑わっている。

赤道直下、冬でも30度はあるシンガポールで、全館ガラスで覆われ、太陽熱を避けながらも光だけは横からとりこむためのアルミを折り曲げたシェードが、まるで果物の王様ドリアンを二つ並べたような特異な景観を演出している。ドリアンの奇妙な外郭と美味な果実のミステリアスな関係を、市民あるいは観光客にも味わってもらおうと言うのだろう。

「エスプラネード(愛称ドリアン)」の宇宙の星屑で覆われたかのようなホール側のエスカレーターと屋根

笑いが中国人作家、岳敏君のテーマ。人類は益々深刻な時代に突入するのを笑い飛ばす

マーライオンとシンガポール川を挟んだ位置にある「エスプラネード」（設計／DPアーキテクツ［DPA］、ヴィカス・M.ゴア、2002年、巻頭カラー30頁参照）

愛称「ドリアン」。全体を覆うトゲトゲの三角はブラインド

「エスプラネード」設計者
ヴィカス·M.ゴア(Vikas M Gore)

「エスプラネード(愛称ドリアン)」はアジアの文化ハブの象徴

Q：2002年竣工の「エスプラネード」は欧米型のデザインではなく、太陽光を遮光するデザインが東南アジアでは大変なじみのある果実の王様ドリアンのようで親しみが持て、また大変すばらしいデザインだと思えるのですが、どのようなデザインコンセプトだったのでしょうか。

A：「エスプラネード」はマリーナベイやシビック地区を含む四方すべてが大変景観のいいところに建っています。ですから訪れるすべての人がこれらすばらしい景観をフォイヤーで楽しめるようガラスを多用することを考えました。しかし、過剰な太陽熱からインテリアを守るためには、やはり遮光のために別の方法を探す必要がありました。そして、もっともビジュアル的におもしろくて、幾何学的形態だと感じたものの一つを選んだわけです。

Q：この「エスプラネード」を見た時、シンガポールがアジアならず世界的な金融と文化のハブを目指していると思ったのですが、設計するにあたって、それは大きなテーマだったんでしょうか。

A：我々が「エスプラネード」の仕事に取り掛かった時は、シンガポールのアートシーンはまだ比較的小さかったのですが、政府はアートを後押ししたいと考えており、「エスプラネード」がその触媒になると思っていました。当時、アートコミュニティには「エスプラネード」がそれらの多くはない基金を吸い込んでしまうのではなかとの恐れもありました。しかしながら、結果的には、シンガポールのパーフォーミングアーツの育成によい刺激を与え、「エスプラネード」を建てた理由の一つは満たした訳です。2012年10月発行「TODAY」で「エスプラネード」がオープンして10年。シンガポールがアートのグローバルシティとなろうとした野心は、今や「エスプラネード」がアートの寄港地となることによって確かなものになったと書いています。

Q：シンガポールには「マリーナベイサンズホテル」など次から次へと観光客をサプライズさせる魅力が増えましたが、ゴアさんが次にやりたいものはどんなものでしょうか。

A：我々は「マリーナベイサンズホテル」の建築家ではありませんが、私はシンガポールが大胆で興味深いアイデアを勇気づけるビジョンを持っているのを大変喜ばしく思っています。私はシンガポール生まれではありませんが、この地で30年以上生活しています。この街の大変魅力的なことの一つは必要とあれば批判的な変化を辞さない意欲を持っていること、インフラに投資し、実務的なこと、文化的なこと、人々の福祉に投資するなどです。建築家として、我々のもっとも良いアプローチは良い建築家が常にやってきていることをすることだと思います。最適のテクノロジーを使い、革新的な建築をつくりだす有益な考え方をすれば、地域の気候にきめ細かく対応でき、人々に新鮮な視野から街を見るようチャレンジさせることができると思います。

Q：世界の多くの街が効率第一主義のアメリカンスタイルの似たり寄ったりになってきてい

ますが、シンガポール独自あるいはアジア的な建築がどんなものかお考えでしょうか。

A：私はシンガポールだけではなく、たいていのアジアの街が残念ながらアメリカの建築のようでありたいと願っているように思っています。これは驚くことではありません。経済的そして文化的に支配力のある文化なら何でも真似をしたがるのが歴史の常だからです。我々の時代は、それはアメリカとヨーロッパ文化です。しかしながら、世界は変化しており、東アジアとある程度南アジアが台頭してきています。私は、力をつける前に感性を養うためにもこれらの文化が成熟し自信を持つことを希望しています。我々の回りの他の豊かな文化を意識して、未来の文化的な支配力を訓練することを期待しています。伝統的な建築スタイルを模倣したりコピーしたりすべきだとは思っていません、ただ我々は現在生活している文化に呼応した新しい建築用語を展開すべきだということです。

「ムンバイ空港」DPアーキテクツ提供

「エスプラネード」©Hidetaki Mori
DPアーキテクツ提供（170頁参照）

「バンガローエコワールド」DPアーキテクツ提供

略歴　**ヴィカス・M.ゴア（Vikas M Gore）**

1953年、アメリカ生まれ。ムンバイ大学で建築学士取得後ワシントン大学大学院に学ぶ。アメリカ、カナダで短期間勤務し、以後シンガポールのDPアーキテクツに勤務し現在同社取締役。宗教、公共施設、インフラ、ショップ、オフイス、住宅、病院など幅広く統括。「エスプラネード」をはじめ「南洋理工大学」、「シンガポール国立大学医学部」など多くのプロジェクトを率いた。加えてシンガポールのDPアーキテクツの組織を固め、インドでのDPアーキテクツプロジェクトの陣頭指揮を執っている。優れたデザインと完成後の使い勝手にもこだわり、プロジェクトでは最初の段階から加わり完成まで見届ける。シンガポール国立大学の客員教授でもある。また、コンピューターや情報通信技術に卓越しており、DPアーキテクツの関連部署の取締役でもある。

05 歩道橋

ヘリックス歩道橋

典型的な車社会のシンガポールでは、車と歩行者をはっきり分けた都市構造にしている。そして、シンガポールは山と海や川が融合した都市で、車道も歩道橋も高低差があり、歩道橋は都市景観として見せ場になっている。「ドリアン」から「マリーナベイサンズホテル」。そしてその後方にある「ガーデンズバイザベイ」に向かう時の「ヘリックス歩道橋」の二重螺旋のタイムトンネルとその上空に突き出た「マリーナベイサンズホテル」の「ボートの舳先」の異様な光景は、都市が単なる機能や金の量を競い合う場から人に夢とドラマを見せる場になった。

「マリーナベイサンズホテル」から見た「ヘリックス歩道橋」
（デザイン／COXグループ、ARUP社、アーキテクツ61、2010年）

「ヘリックス歩道橋」はDNAを想起させるスパイラル形状。
ところどころにガラスの屋根がスコールから身を守るためと夜間の万華鏡的な効果のために掛けられている

ダウンタウンの西、地下鉄東西線の「クィーンズタウン駅」からバスで15分ほど。丘陵地の多いシンガポールでも少し高い山といった感じのテロックブランガーヒル公園の「フォレストウォーク」はおもしろい。山肌に沿って高いものでは15m以上もある鋼製のデッキを1.3kmほど歩いて行くと、マウントフェーバー公園に繋がる「ヘンダーソンウェーブ歩道橋」に着く。点在する公園と公園を、車道を使わずに繋ぐパークコネクター構想の一つ。自然を大切にすることと、多額の費用をかけたマニアックな造形デザインの歩道橋などインフラ整備と文化の蓄積を進めている。

フォレストウォーク

出発点からはデッキの奥に「アレキサンドラ・アーチ」が見える。鋼製のデッキの高さは山の勾配に沿って3m～17m。1.3km続く（設計／LOOKアーキテクツ、2008年）

ヘンダーソンウェーブ歩道橋

スコールの後だったせいか、いっそう鬱蒼と茂った熱帯ジャングルの感じがした（設計／RSPアーキテクツプランナーズ＆エンジニアズ、2008年）

06 ビジネスコンプレックス

シンガポールのビジネスセンターと言えば、シンガポール川に沿ってそそり建つ大華銀行周辺のミニマンハッタンのように林立する金融とIT企業ビル。そしてもう一方、エスプラネードシアターの北側、シンガポール最大のショッピングセンターである「サンテックシティモール」の「富の噴水」を囲むビジネスセンターである。多くの国でビジネスパークは空港近くにつくられるようになった。土地の確保と移動の利便性がよいためであり、チャンギビジネスパークも地下鉄で空港から一つ目の「EXPO駅」前に位置している。

ミニマンハッタンの金融街

チャンギ国際空港の次のMRT「EXPO駅」前のチャンギビジネスパーク。車寄せ右手はショッピングモールのチャンギシティポイントとマンション

最高裁判所

議事堂や市庁舎などが集まるシビックセンターに、円盤を屋上に載せた「最高裁判所」(設計/ノーマン・フォスター、2005年)

かつてイギリスの植民地だったこともあり、郊外へ行けば戸建て住宅も見られるが、国土が狭く、世界一過密であれば質より量の集合住宅が求められてきた。そして収入の増加とともに世界中から有名建築家を招聘した優れたデザインのマンション群が建ち始めた。シンガポールでは国土や都市を形成するあらゆるものについて、文化レベルのものづくりを目指しているようだ。中でも、「ホロコーストミュージアム」の設計で知られるリベスキンドの集合住宅設計はどんなものになるのか、世界中が注目している。

ノアの方舟のように漂流しないでも水の上に建てればよいというわけで、10m以上の柱の上で、その時に備えたマンション

リフレクション

集合住宅。ビボシティの西、ヨットやパワーボートが並ぶ高級住宅地に銀色に輝くナイフのような形態のガラスの超高層マンション群「リフレクション」が天を突き刺す。低層ヴィラは全1200戸が湖面に向いている。6本のガラスのタワーと11ブロックのヴィラアパートメントで構成。アパートメントは1129戸。2012年時点で96％売却済み（設計／ダニエル・リベスキンド、2012年）

08 交通施設

行くたびに路線を延伸したり新路線ができているのがシンガポールのMRT。2002年、都心部から空港へ直結させる地下鉄イースト・ウエスト線を延長した新駅の一つ「EXPO駅」にはノーマン・フォスターが起用され、いかにも未来志向の円盤型の屋根を持つ、一度見たら忘れられない駅ができている。この「円盤」は2006年にオープンの最高裁判所の新ビルにも採用されている。また、ドバイの世界一の超高層ビル「ブルジュ・ハリファ」の設計者SOMアーキテクツも地下鉄「チャンギ空港駅」を担当し、2007年にはチャンギ国際空港の増築棟、第三ターミナルも手掛けた。

動く歩道やエスカレーターのスピードは世界でもっとも早いシンガポールでは、歩く人などいないかのように、車道いっぱいになって猛スピードで疾駆する超車社会だが、一方で美しい歩道橋も随所で見られる、国全体を庭園国家にしようとしている人中心の国でもある。

海上交通ではマリーナ・バラージュの後方、マラッカ海峡側に新しいフェリーターミナルをつくった。

チャンギ国際空港第三ターミナル
赤道直下の熱線を避けるための天井を覆うブラインドとフロアや壁に生い茂る熱帯ジャングルのような光景が特徴になっている（設計／SOMアーキテクツ、2007年）

MRT「チャンギ空港駅」。空港すべてがガラスで構成されたデザインの流れを巨大空間を持つ駅内部に繋げガラスのブリッジで貫いている（設計／SOM アーキテクツ、2002年）

EXPO駅
空港駅周辺は当然、物流の拠点。空港駅から次の「EXPO駅」には世界中から人が集まる。その玄関口としての舞台から異次元への旅立ち（設計／ノーマン・フォスター、2002年）

09 商環境、ショッピングモール

ビボシティ

観光客相手のショッピングモール「ラッフルシティ」に始まるシンガポールの商環境を、市民の経済的な豊かさを反映した伊東豊雄設計の「ビボシティ」に見ることができる。セントーサ島に向かうケーブルカーの乗り場横につくられた、全体が造形で彩られたアミューズメントパークと言えるようなショッピングモールは、子供から高齢者まで、市民の様々な欲求に応えたものだ。休日の1日、遊びながら、飲んだり寝たりくつろいだり、ついでに買物をするような楽しめる環境づくりを進めた事例だ。2009年にできたショッピングのメッカ、オーチャード通りの角の「IONオーチャード」はダイナミックな形態とLEDによる華やかさで、特に暑いシンガポールの夜に威力を発揮している。

「ビボシティ」外観
水をテーマにした柔らかい膜で覆ったような外壁。セントーサ島へのモノレール駅を右奥に臨む（設計／伊東豊雄、2006年）

「ビボシティ」内部

10 伝統と現代のコラボレーション

シンガポールが誇る金融とIT企業のミニマンハッタンの西側に隣接する、汚れたチャイナタウンの再開発が進行したが、その歴史を消すことの是非が大きな問題になり、計画は撤回された。市民の大多数を占める華人の心のふるさとチャイナタウンは昔の面影を残しつつ、現代風にアレンジした形で残されている。市民が豊かさを享受できる都市アイテムのバリエーションが進化する中で、商業施設でもアグレッシブな動きが健在だ。ウィリアム・オルソップ設計の巨大なビニール傘を繋げたようなクラーク・キーのアーケードづくりの大胆なデザインも出現した。午後になると猛烈なスコールに襲われるシンガポールの気候を造形化したものか。ちょっと大きすぎるが、ジーン・ケリーの映画「雨に歌えば」のユーモアを感じた。

樹脂フィルム傘と言うより、巨大クラゲの大群か透明のエイリアンかに遭遇したような造形。脚元には雨を集め、滝のように楽しむ工夫やスピーカーボックスのオブジェなどがイメージをかきたてる

十字路の中心を噴水広場にし、蓮の実のような形態のオブジェが囲み、時にはイベント広場になる

クラーク・キー
川側のエントランスではモニュメント風の大小の傘が出迎える。対岸のリバーサイドポイントとはリード橋で繋がっている（設計／ウィリアム・オルソップ、2007年）

チャイナコンプレックス

既存の中華街にガラスのアーケードを用い、統一感を持たせた

チャイナスクエアセントラル

陽射しを避けるため、1階はポルティコ様式をとっている

チャイナタウン

色とりどりに彩色されたファサードは往時を思い起こさせる

11 パブリックアート

シンガポールはアメリカ型のビジネスセンターを手本にしたから、サンテックシティモールの「富の噴水」はイサム・ノグチのハワイの噴水に似せたのか。リキテンシュタインの「ブラッシュストローク」を見ると、アメリカのビジネスパークという感じになってくる。数十年間のパブリックアートの学習成果は、つくる機会が少ないせいか、シンガポールの彫刻家はあまり育っていない。海外有名彫刻家の作品に隠れて出られないのかもしれない。しかし、エスプラネードシアターでの岳敏君のユーモア溢れるフィギュアやマリーナベイに沿った広場に点在する水の環境型の作品はスケールが大きく楽しめる。

セントーサ島へ向かうケーブルカービル1階の
芥子の花のような繊細なガラスの造形

アメリカのビジネスパークを想起させる「富の噴水」を中心にした
超高層ビルが林立するサンテックシティ。
中庭にロイ・リキテンシュタインの「ブラシュストローク」
（設計／ツァオ&マッコウン・アーキテクト、1995年）

「チャンギ国際空港」内。コンピューターでプログラミングされた
金色ドロップが細いワイヤで上下し、波を打ち、
複雑な形態を見せる。IT立国でもあるシンガポールの真骨頂

MRT「シティホール駅」の
吹抜けに吊るされた、ステンレス製の固定されたドロップ

マリーナベイのパブリックアート。ステンレスパイプから霧を噴き出す、総延長250mの「ミスター」
（デザイン／COXグループ、ARUP社、アーキテクツ61、2010年）

「マリーナベイサンズホテル」レセプションデスク後ろの
ソル・ルイットの壁画

「マリーナベイサンズホテル」には3mほどの高さの巨大な
陶器のプランターがロビーやレストランそしてホテルの周辺
庭園にまで置かれ、その数80数個（作者／チョンビン・チェン）

ラッフルズプレイスの人間で築いたバベルの塔「モメンタム」（作者／ディビッド・ゲルスタイン、2008年、巻頭カラー31頁参照）

あとがき

今しかないという時に、アジアの都市の本を出そうという慧眼は、長年鹿島出版会で「SD」や単行本に携わってきた相川幸二さんならではと思えた。というのも、EUの経済問題や中国不動産バブル崩壊の危惧など、アジアもいつどうなるかわからない状況下であり、現時点でのアジアの動きや断面をパノラマ的に見ておこうという考えは願ってもない提案だった。アジア各国にとってもサーフィンで言えば大波が来たのに乗り遅れるわけにはゆかないという事情もある。

アジアでも大きな動きがある時、「商店建築」の取材で各都市へばらばらに出かけていたのだが、2012年の夏に集中して回ってみると、各都市の現在の状況や方向性といった比較がリアルに浮き出し感動ものだった。そして、それまでの認識を、まさに目からウロコで転換することが多かった。必死さの度合いは各都市様々だが、欧米にはない自由な表現もあり、大きな可能性には、アジアの時代の到来を信じるようになったし、持続することを願うようにもなった。アジア型の都市の可能性については、今のところ基本的には欧米に追いつき追い越せというテーマで、学習と実践を繰り返す段階だろう。

設計者やアーチストのインタビューを予定したが、時間的な制約もあり2名の建築家にのみお願いした。クアラルンプールのRSPアーキテクツのハット・

アブ・バカル氏及び連絡の労を取ってくださった同社テングク・リーザ氏、シンガポールのDPアーキテクツのヴィガス・M・ゴア氏そしてガーデンバイザベイの室内写真を快く手配してくださったHILL+KNOWLTONのチェリー・ヤブ氏には心から御礼を申し上げたい。

本が小さいこともあり、文字数は簡素にして、なるべく写真を大きくヴィジュアル的に写真から読み取りができればと考えた。この矛盾するテーマはブックデザインの松谷剛さんを悩ませたに違いない。掲載したい物件は多いし、紙面は限られ写真の枚数をギリギリまで削ってゆき、怪我の功名的にスッキリした表現になった面もあったのではないかと思っている。

また最新の動きを捉えたいということで情報集めは大変だった。それらの物件の優先順位を決め、取材都市のマップに落とし、順路を決める作業は樋口日出子さんの担当で、この10年はナビゲーターとして彼女とすべて一緒に回っている。そして、設計者などのデータ収集など、著者にとっては退屈な作業も日出子さんにお願いした。著者、樋口正一郎は興味のあることや未知のものには、暑かろうが寒かろうが万難を排し、猪突猛進しても、面倒で退屈な仕事は苦手である。たくさんの人たちのご協力を得てなんとかいい本にして、必要としている方の手元に届き役に立って欲しいものだと思っている。　2012年 師走

樋口正一郎 ひぐち・しょういちろう

http://www.uaa-higuchi.com/

造形作家、都市景観研究家、パブリックアート研究者。1944年生まれ。68年東京芸術大学美術学部彫刻科卒業。68年から70年まで、東京大学都市工学科大谷研究室研究生。69年5月 第9回 現代日本美術展コンクール大賞受賞。70年渡米、デービッド・スペクター・アーキテクト・オフィス勤務。約40年間に亘り、アメリカ、ヨーロッパ、アジアにおけるパブリックアートや建築、都市景観の最新動向の写真撮影と情報収集を行い、雑誌、新聞などで紹介し、日本の都市環境を世界に対抗できるものにしたいとの思いで動いている。

主な著書、雑誌、新聞記事掲載、テレビ出演：

「アメリカ50都市の環境彫刻」「ヨーロッパ50都市の環境彫刻」(誠文堂新光社)、「水の環境芸術」「バルセロナの環境芸術」(柏書房)、「パブリック・アート都市」(住まいの図書館出版局)、「都市と彫刻」「都市景観と造形の未来」「イギリスの水辺都市再生」(鹿島出版会)などがある。商店建築社「商店建築」に「世界のデザイン都市紀行」などを連載。日経BP社「日経アーキテクチュア」に「海外のランドスケープ」連載、「日経デザイン」「日経トレンディ」「日経アントロポス」「日経アート」、社団法人建築業協会「築」、「産経新聞 アート頁」、朝日新聞社「AERA」「アサヒグラフ」「論座」、龍生華道会「いけ花龍生」、共同通信社配信記事など多数。フジテレビ「テレビ美術館」出演多数。

主な作品：

那須友愛の森「E/A/R/T/H」(1988年)、ラファイエット(USA)、イスズ・スバル「スプリング」(1989年)東京湾臨海副都心に「ねじりはちまき」(1996年)、都営地下鉄大江戸線／清澄白河駅の対向壁「20世紀文明の化石」(2000年)などがある。

主な個展：

ギャラリー葉、佐賀町エキジビットスペース、日辰画廊、始弘画廊など多数。

アジアの現代《げんだい》都市《とし》紀行《きこう》

変貌《へんぼう》する都市《とし》と建築《けんちく》

発行:2013年2月20日　第1刷

著者:樋口正一郎《ひぐちしょういちろう》

発行者:鹿島光一

発行所:鹿島出版会

〒104-0028
東京都中央区八重洲
2丁目5番14号
電話:03-6202-5200
振替:00160-2-180883

ブック・デザイン:松谷 剛

印刷・製本:三美印刷

ISBN978-4-306-07299-2 C3052

本書の内容に関するご意見・ご感想は
下記までお寄せください。

URL: http://www.kajima-publishing.co.jp
E-mail: info@kajima-publishing.co.jp